中小学智能创客教育丛书

ZHINENG XITONG
SHEJI YU ZHIZUO

智能系统设计与制作

中小学智能创客课程编写组 编

SPM 南方出版传媒

全国优秀出版社　全国百佳图书出版单位　广东教育出版社

·广州·

图书在版编目（CIP）数据

　　智能系统设计与制作／中小学智能创客课程编写组编．—广州：广东教育出版社，2018.4
　　（中小学智能创客教育丛书）
　　ISBN 978-7-5548-1861-9

　　Ⅰ．①智… Ⅱ．①中… Ⅲ．①智能系统—青少年读物 Ⅳ．①TP18-49

　　中国版本图书馆CIP数据核字（2017）第179750号

责任编辑：李敏怡　熊力闻
责任技编：佟长缨　刘莉敏
装帧设计：陈国梁

丛书编委

黄国洪　孙仲廉　万亚军

谭晓琳　沈春华　伍学龄

漆　俊　陈志豪　沈小锋

广东教育出版社出版发行
（广州市环市东路472号12-15楼）
邮政编码：510075
网址：http://www.gjs.cn
广东新华发行集团股份有限公司经销
佛山市浩文彩色印刷有限公司印刷
（佛山市南海区狮山科技工业园A区）
787毫米×1092毫米　16开本　11印张　220 000字
2018年4月第1版　2018年4月第1次印刷
ISBN 978-7-5548-1861-9
定价：44.00元

质量监督电话：020-87613102　邮箱：gjs-quality@gdpg.com.cn
购书咨询电话：020-87772438

前　言

21世纪，移动互联网、大数据、传感网、人工智能等新理论、新技术正快速发展，加快了全球范围内的知识更新和技术创新，催生了现实世界与数字世界并存的信息社会。创客教育旨在培养学生连通现实世界与数字世界的能力，使学生从知识的消费者转变为创造者，并已经形成一股席卷全球的教育变革浪潮。

创客教育的目标是让学生在人文情怀的涵养下，树立创新意识（解决"为何创新"的问题），培养创新思维（解决"如何创新"的问题），习得创新技能（解决"创新实践"的问题）。因此，创客教育活动的课程设计、教学设计和评价设计理应符合创客教育的目标要求，并在课程实施活动中逐一加以落实。

本书以"智能系统设计与制作"为主题，选取了"智能家居""智能小车""智能停车场"等智能系统项目设计，让学生掌握使用Arduino设备搭建传感器网络，编写智能系统的方法，体验创客教育活动的快乐。

学生围绕"项目目标→项目范例→项目选题→项目规划→方案交流→学习探究/探究活动→项目实施→成果交流→活动评价"的项目学习主线开展学习活动，理解本书的硬件、程序、控制器、传感器、执行器等基本概念，掌握创意设计、方案设计、图形化编程等基本方法，开展连接组件、运行测试、作品美化等基本实践活动，从而将知识建构、技能培养与思维发展融入运用数字化工具解

决问题和完成任务的过程中，促进创新能力的养成。

此外，本书提供网络学习平台（http://maker.nfclass.com）和一套实验工具，为学生搭建了线上学习的空间和线下实践的环境，让学生对学习生活中的问题进行自主、协作、探究学习。

本书由黄国洪主编，沈小锋、温础诚参加了编写工作和网络课程制作，黄国洪负责全书的统稿和网络课程设计。

编 者

目 录

第1课　感知智能系统 …………………………………… 1

第2课　体验智能系统项目的开发过程 ………………… 14

第3课　认识智能系统的硬件 …………………………… 39

第4课　认识智能系统的软件 …………………………… 54

第5课　综合活动：智能家居 …………………………… 79

第6课　综合活动：智能小车 …………………………… 98

第7课　综合活动：智能停车场 ………………………… 118

第8课　综合活动：物联网 ……………………………… 140

附　录　项目学习活动评价表 …………………………… 169

第1课　感知智能系统

当前，全球新一轮科技发展风起云涌，新一代信息技术与制造业深度融合。基于互联网的个性化定制、设计众包*、云制造等新型制造模式，催生了基于消费需求动态发展的研发和制造产业，推动机械、船舶、汽车、轻工、纺织、食品、电子等传统行业生产设备的智能化改造，提高了研发与生产效率、制造工艺、产品质量等，从而推动智能交通工具、智能工程机械、服务机器人、智能家电、可穿戴设备等产品的研发和产业化。

图1-1　智能系统控制的汽车制造

本节课通过"感知智能系统"项目，学会运用观察、比较、分析、综合、抽象、判断、推理等思维方法，进行自主、协作、探究学习，体验生产生活中智能设备的功能，认识智能系统，分析智能系统在智能设备中的作用，从而形成良好的学习和思维习惯，促进创新能力的养成，完成项目学习目标。

---

* 一个公司或机构把过去由员工执行的工作任务，以自由自愿的形式外包给非特定的（且通常是大型的）大众网络的做法。

项目目标

目标一：认识智能系统。
目标二：了解智能化产品的技术特征。
目标三：了解智能化产品的技术架构。

项目范例

学校准备建一个智能系统创客实验室，计划在其中的一面墙壁上设置一个"家居智能化产品知多少"专栏。为了能够充分展示家居智能系统与设备及其应用成果，学校发动师生积极参与，提出布展的设计与内容方案。

问题一：什么是家居智能系统？
问题二：家居智能化产品有什么技术特征？
问题三：家居智能化产品的技术架构是怎样的？

1. 主题

感知家居智能化产品。

2. 内容

通过开展"感知家居智能化产品"项目学习活动，寻找家里的智能化产品，观察其外观、结构，了解其功能，认识家居智能系统，了解家居智能化产品的技术特征和技术架构。

3. 规划

根据本方案的主题及内容要求，利用思维导图等图形化表达工具，在小组内部开展"头脑风暴"活动，制订项目学习规划，如图1-2所示。

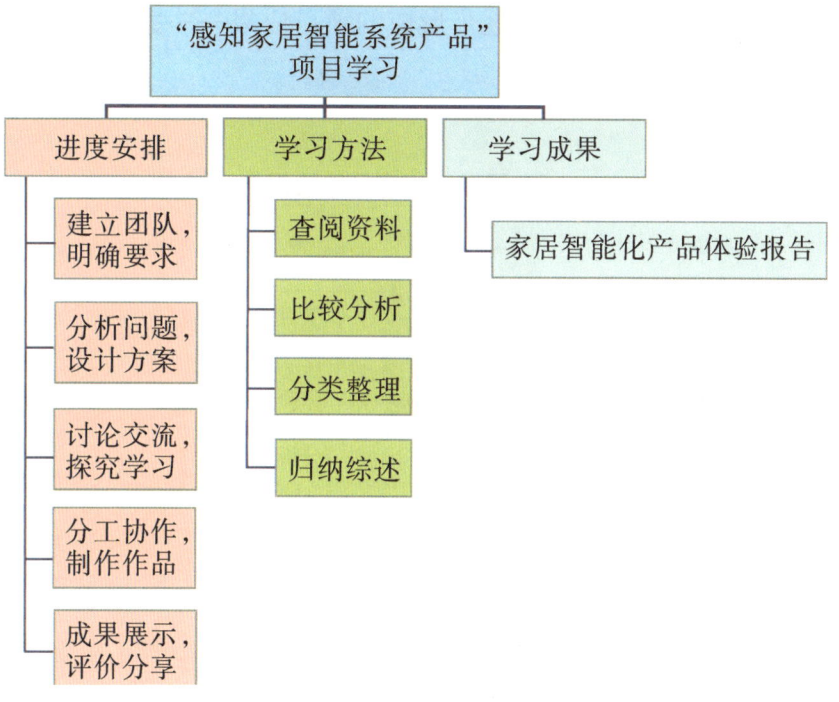

图1-2 "感知家居智能化产品"项目学习规划

4. 探究

根据问题的指引和项目学习规划的安排，"感知家居智能化产品"项目学习探究活动内容如表1-1所示。

表1-1 "感知家居智能化产品"项目学习探究活动内容

探究学习内容	探究学习活动	知识技能
家居智能系统	查阅资料，观察、分析	认识智能系统
家居智能化产品的技术特征	查阅资料，观察、分析	了解智能化产品的技术特征
家居智能化产品的技术架构	查阅资料，观察、分析	了解智能化产品的技术架构

1. 展示

展示在项目范例探究过程中逐步形成的项目成果——家居智能化产品体验报告,如图1-3所示。

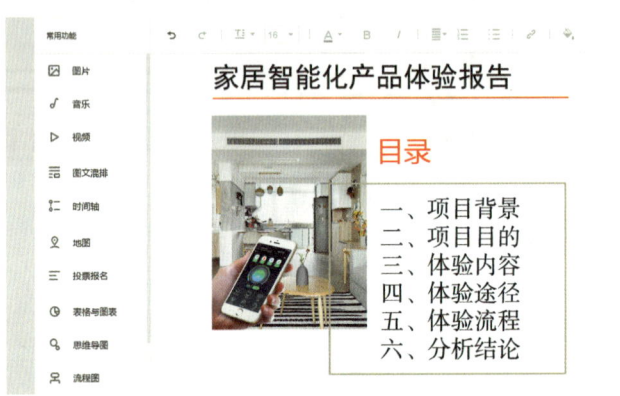

图1-3 家居智能化产品体验报告示例

2. 交流

围绕体验报告撰写交流文稿,分别在小组和班级中开展交流,进一步探讨智能系统和智能化产品的应用与未来发展。

3. 评价

根据表1-1"感知家居智能化产品"项目学习探究活动内容,对项目范例学习过程和成果作品进行自评和互评。

项目选题

请以3~6人为一组,以智能化产品为中心,从下列参考主题中选择一项进行调查探究,也可小组商讨,自定主题。

主题一:感知穿戴式智能化产品。

主题二:感知汽车智能化产品。

主题三:感知学习智能化产品。

自选主题:_____

项目规划

参照项目范例的样式,制订本小组的项目学习活动方案。请将小组的方案填写到表1-2中。

表1-2 项目学习活动方案

项目主题	
要解决的核心问题	
调查探究的智能化产品	
智能化产品的功能	□自动检测　　□数据发布 □其他:_____
智能化产品的构造	
需要学习的知识或技能	
开展项目学习的方法	
进度安排表	
学习资源获取途径及获得指导的途径	
可能会遇到的困难	
预期成果	

试着画一下自己的项目规划思维导图吧！

方案交流

各小组将完成的项目学习活动方案在班级中进行展示交流，师生根据交流情况，跟随下列问题的引导，共同完善本组的项目方案。

我们方案的优点是_____
_____

我们方案需要补充的地方有_____
_____

我认为还有更好的方案，我们可以（怎么做）_____
_____
_____

学习探究

1 智能系统

如今越来越多的产品进行了智能化改造，人们日常使用的手机、手表、家电、便携式医疗器械等工具纷纷被智能化，使人们的生活越来越多彩和便捷。在智能化时代，人们的一切活动资讯都可以通过智能化产品转化为数据，且实时数据持续不断地被传输到网络上，大量的数据被采集、挖掘、分析和处理，并将处理的结果回馈和服务于人们的日常生活、学习和工作中。

智能系统是指以智能技术、互联网和大数据技术为基础，以软硬件结合的形式，实现智能化功能的产品。它随着计算机、互联网与传感器技术的变革而产生和发展，不仅可以与用户交流互动，还能智能地完成用户布置的工作任务。

智能化产品主要包括以下两类：

（1）被智能化改造的传统产品。例如智能电饭煲、智能插座和智能窗帘等家用设备，如图1-4所示。

（a）智能电饭煲

（b）智能插座

（c）智能窗帘

图1-4 被智能化改造的传统产品

（2）新型智能化设备。例如3D打印机和四轴飞行器等设备，如图1-5所示。

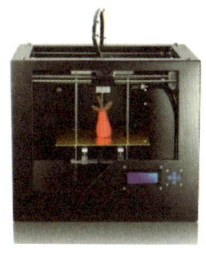
（a）3D打印机

（b）四轴飞行器

图1-5 新型智能化设备

2 智能化产品的技术特征

智能化产品与传统的工业产品有着本质的不同。传统的工业产品定位为人类使用的工具，无论是机械类产品还是电子类产品，其操作方法多数是由人类发出指令，产品精确地去执行，产品缺乏与人的互动和交流。而智能化产品是伴随着计算机与传感器技术的发展而诞生的，它们可以与人类进行充分的交流，并能够智能地完成人类布置的工作与任务。

智能化产品往往与网络服务联系在一起，人们可以通过智能硬件这一网络服务终端获取所需要的服务。随着智能化时代各种技术的发展，智能化产品将会有更广阔的发展空间。依靠芯片技术和软件技术，智能化产品具有集约化、可扩展、可升级等优点；依靠感应技术和交互技术，智能化产品与人之间的交互变得多样化和综合化，交互界面也变得越来越友好，如图1-6所示；依靠材料技术，智能化产品越来越自然地融入人们的生活中。

（a）语音控制音箱

（b）体感游戏

（c）迎宾机器人

图1-6 交互式智能化产品

计算机通过运行程序控制指令，虽然可以实现与人的互动，但是人们只能通过屏幕与计算机进行沟通。因此需要寻找其他的非屏幕媒介来实现人机互动，才能更好地进行人机交互，满足生活中的各种需求。智能化产品是一种交互方式与屏幕操作截然不同的交互式产品。通过软、硬件结合的方式，对传统的设备进行改造，进而让其拥有智能，可以根据用户的喜好实现语音控制、环境调节等不同的功能。它们使用起来更方便，从而能够从根本上改变人与设备的交互方式。

例如，家用电器中的电冰箱、电视机、洗衣机等产品在进行智能化升级时，往往会集成网络模块，产品可以通过路由器或卫星网络始终与互联网连接，被用户远程控制。同时，用户可以通过移动终端查询和调整家中各种家用电器的工作状态。另外，产品还能够根据环境的变化，智能地调整自身的功能输出。因此在产品智能化改造的过程中，通常会嵌入相应的传感器，通过传感器收集环境与用户的变化数据，然后产品的微型电脑会根据这些数据控制相应的设备。

3 智能化产品的技术架构

智能化产品主要由三个部分组成：手机应用端、云端与智能终端。智能化产品的技术架构如图1-7所示，在手机端下载对应的应用程序（APP），向云端发送控制指令，与云端进行交互，然后云端将该指令转发给智能终端，智能终端处理指令，并实现相应功能，以此来实现智能化。手机应用端储存手机与云端交互的数据、手机与本地设备交互的数据，云端服务器储存手机与设备的绑定关系、远程管理的数据，智能终端储存设备与云端交互的数据、设备与本地手机交互的数据。

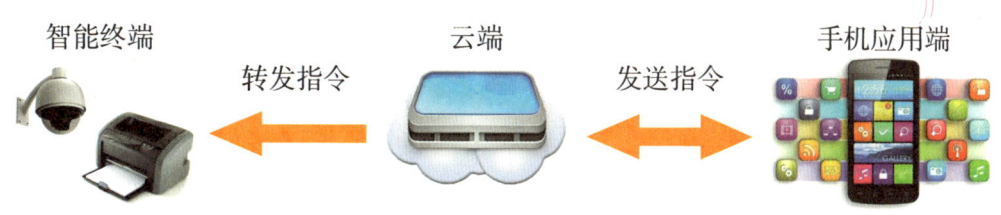

图1-7 智能化产品的技术架构

例如，智能路灯系统就是利用智能硬件和应用云计算技术，使城市传统路灯联网，实现路灯的管控集中化、运维信息化、照明智能化。与传统路灯系统相比，智能路灯系统不仅可以为道路提供照明，还可以自行根据周围环境调节亮度，提供Wi-Fi网络、视频监测、应急广播、紧急求助等服务。

智能路灯系统可分为主站层、通信层与终端层三个部分，其系统架构如图1-8所示。

智能系统设计与制作

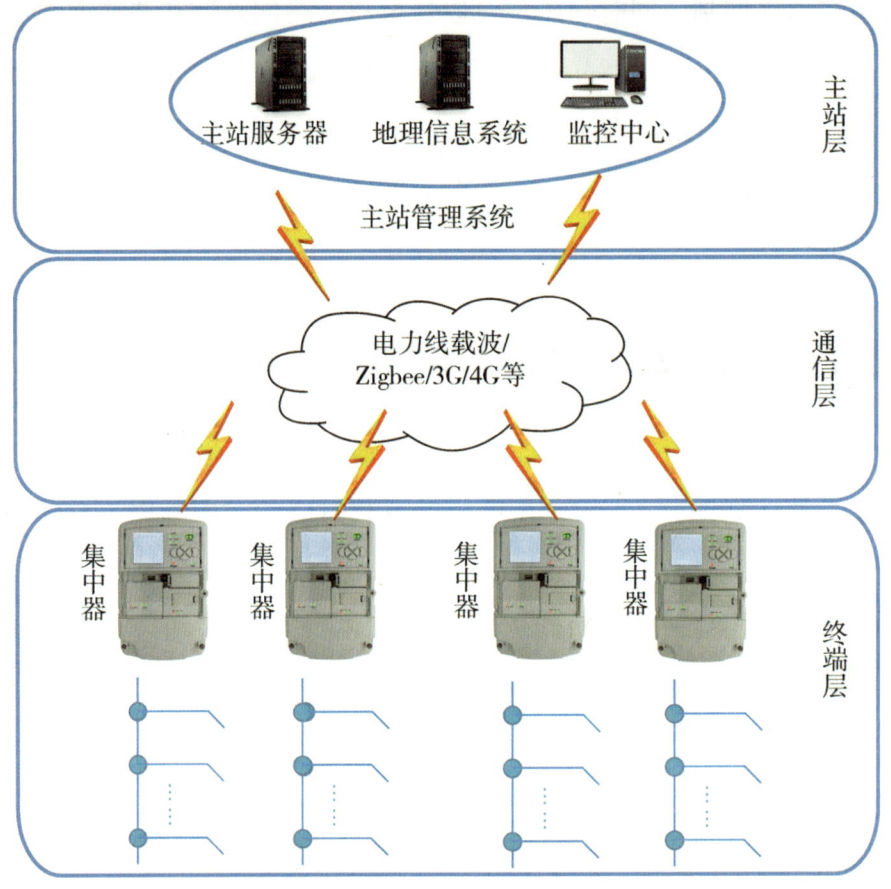

图1-8 智能路灯系统架构

（1）主站层由主站管理系统构成。它包括主站服务器、地理信息系统与监控中心。主站服务器用于存储和管理路灯信息；地理信息系统通过内置的城市地图，在系统上对当地所有路灯进行快速定位，监控其工作状态，可针对各种异常情况在第一时间作出快速处理；监控中心通过服务器向集中控制器发送指令，实时控制每一盏路灯，同时定期检测每盏路灯是否正常工作。

（2）通信层使用电力线载波、Zigbee、3G、4G等通信方式，实现信息终端与主站之间的通信。

（3）终端层按照市政规划，集中采集路灯的所有控制信息，它与每个路灯控制子模块之间采用Zigbee、GPRS或OPM等方式通信。每个控制子模块负责采集路灯的工作状态等相关信息，并发送给集中器。

项目实施

请根据本组的项目选题及拟定的项目方案,结合本课所学知识,进一步完善该项目方案中的各项学习活动,撰写本组选定项目的成果报告,并填写表1–3。

表1–3　项目实施日志

流程	事项	工作日志
1	小组分工	
2	搜集资料	
3	开展调研	
4	资料整理	
5	资料补充	
6	撰写报告	

成果交流

请将完成的项目学习成果在小组和班级中进行展示与交流,并在表1–4中对自己的成果作出评价。

表1–4　作品评价表

评价指标	指标说明	评价
合理性	活动方案严谨科学,技术上可行,调研方法、流程高效灵活,所开展的调查探究活动符合所选主题	□优秀 □良好 □中等 □仍需努力

（续表）

评价指标	指标说明	评价
创新性	能有创意地解决调查探究过程中遇到的问题，撰写的报告有独特的见解	□优秀 □良好 □中等 □仍需努力
技术水平	调查探究活动的规划与报告内容体现较高的知识水平	□优秀 □良好 □中等 □仍需努力
科学性	所撰写的报告资料充足，语言简练准确。能合理分析调查探究内容，并作出科学的总结	□优秀 □良好 □中等 □仍需努力
演示及回应	报告展示资料充足，简洁准确，语言流畅，组员间配合得宜。回答问题时，对问题理解准确，思路清晰，反应迅捷，逻辑严密	□优秀 □良好 □中等 □仍需努力

活动评价

请根据本组的项目选题、拟定的项目方案、实施情况和所形成的项目成果，参照本书"附录"和表1-5，对自己的学习活动进行评价和总结。

表1-5　项目学习活动自我总结表

项目主题					
姓名		学号		日期	
小组成员					
自我总结					

在该项目中我所完成的任务是_____

该项目所涉及的学习领域有_____

项目实施过程中我遇到的困难有_____

我克服困难的方法是_____
_____

关于整体分工和合作情况，其他小组值得我们学习的是_____
_____

关于项目的选题、实施、成果和展示，其他小组值得我们借鉴的是_____
_____

通过该项目学习，我的收获是_____
_____

通过该项目学习，我知道自己的优势在于_____
_____

我还需要继续努力的方面有_____
_____

如果再做一次该项目，我会作出的调整是_____
_____

 第2课　体验智能系统项目的开发过程

智能系统项目的中心是设计与研发智能化产品。智能化产品既有传统产品的物质化产品属性，还具有非物质化的产品属性，其非物质化的产品属性来自于自身电子设备所提供的服务和来自网络的服务。因此，在产品设计与研发时，就要站在用户的角度思考人们真正需要什么样的服务，究竟用什么样的服务形式来承载这样的内容才更符合人们的习惯。既注重技术的发展又关注人的需求，是智能化产品开发的重要原则。

图2-1　智能化产品

本节课通过"体验智能系统项目的开发过程"项目，学会运用观察、比较、分析、综合、抽象、判断、推理等思维方法，进行自主、协作、探究学习，了解智能化产品的设计流程与制作过程，体验智能系统项目的开发过程，从而形成良好的学习和思维习惯，促进创新能力的养成，完成项目学习目标。

项目目标

目标一：了解智能系统项目的设计和制作过程。

目标二：体验智能系统项目的开发过程。

项目范例

音乐是通过组织音调构成听觉意象来表达人们的思想感情与社会现实生活的一种艺术形式。而乐器则是音乐的展现途径，人类通过演奏乐器，借以表达、交流思想感情。时代在发展，乐器也在发展，以琴为例，从古代的五弦琴发展到扬琴、竖琴，再到后来的钢琴、电子琴等。乐器的发展表明音乐在人类文明中的重要地位。现在我们就利用传感器与身边的材料去制作一台简易电子琴。

问题一：什么是简易电子琴？
问题二：制作简易电子琴需要什么硬件和软件？
问题三：制作简易电子琴需要经历怎样的过程？

1．主题

简易电子琴的设计与制作。

2．内容

通过开展"简易电子琴的设计与制作"项目学习活动，体验简易电子琴的制作过程，了解智能化产品设计与制作的方法；了解无源蜂鸣器与触摸传感器的使用方法；能够设计相应的控制程序，掌握作品系统总成的方法。

3．规划

根据本方案的主题及内容要求，利用思维导图等图形化表达工具，在小组内部开展"头脑风暴"活动，制订项目学习规划，如图2-2所示。

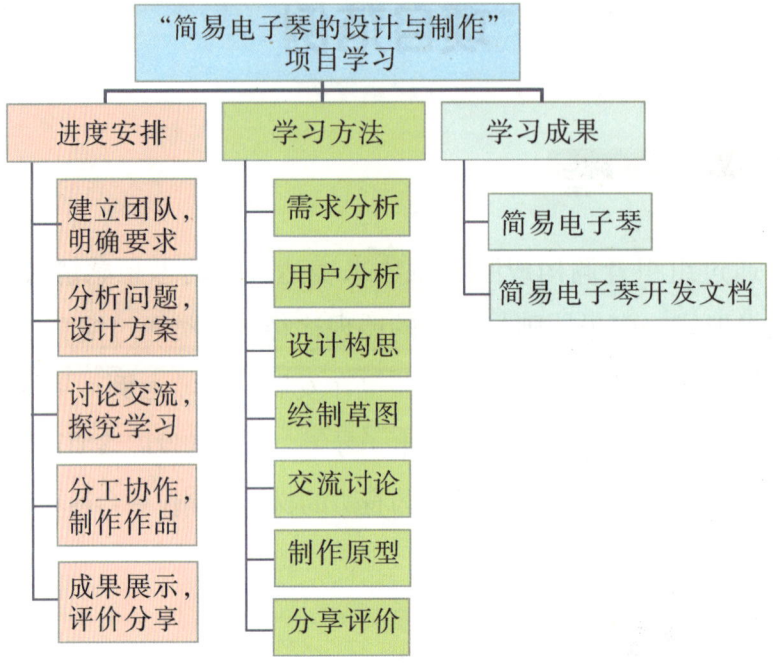

图2-2 "简易电子琴的设计与制作"项目学习规划

4. 探究

根据问题的指引和项目学习规划的安排,"简易电子琴的设计与制作"项目学习探究活动内容如表2-1所示。

表2-1 "简易电子琴的设计与制作"项目学习探究活动内容

探究学习内容	探究学习活动	知识技能
简易电子琴的开发	查阅资料,观察、比较和分析,动手操作	体验智能系统项目的开发过程
简易电子琴的设计方法	查阅资料,观察、比较和分析,动手操作	了解智能系统项目的设计方法
简易电子琴的制作步骤	查阅资料,观察、比较和分析,动手操作	了解智能系统项目的制作步骤
无源蜂鸣器的外观、结构、原理和功能	查阅资料,观察、比较和分析,动手操作	了解无源蜂鸣器的使用方法
触摸传感器的外观、结构、原理和功能	查阅资料,观察、比较和分析,动手操作	了解触摸传感器的使用方法

成 果

1. 展示

展示在项目范例探究过程中逐步形成的项目成果——简易电子琴及其开发文档，如图2-3所示。

（a）简易电子琴

（b）简易电子琴开发文档示例

图2-3 "简易电子琴的设计与制作"项目成果

2. 交流

围绕简易电子琴的设计与制作，分别在小组和班级中开展交流，进一步探讨智能化产品的设计与制作。

3. 评价

根据表2-1"简易电子琴的设计与制作"项目学习探究活动内容，对项目范例的学习过程和成果作品进行自评和互评。

项目选题

请以3～6人为一组，以制作智能化产品为中心，从下列参考主题中选择一项开展项目学习活动，也可小组商讨，自定主题。

主题一：智能门窗的设计与制作。

主题二：智能风扇的设计与制作。

主题三：智能水杯的设计与制作。

自定主题：_____

项目规划

参照项目范例的样式，制订本小组的项目学习活动方案。请将小组的方案填写到表2-2中。

表2-2 项目学习活动方案

项目主题	
要解决的核心问题	
作品具备的功能（可以多选）	□易控制　　□自动运作 □其他：_____
作品应用的领域	□生活　　□家居 □其他：_____
需要用到的核心设备	

（续表）

需要学习的知识或技能	
开展项目学习的方法	
进度安排表	
学习资源获取途径及获得指导的途径	
可能会遇到的困难	
预期成果	

试着画一下自己的项目规划思维导图吧！

方案交流

各小组将完成的项目学习活动方案在班级中进行展示交流，师生根据交流情况，跟随下列问题的引导，共同完善本组的项目方案。

我们方案的优点是＿＿＿＿＿＿＿＿＿＿＿＿＿＿＿＿＿＿＿＿＿＿＿＿＿
＿＿＿＿＿＿＿＿＿＿＿＿＿＿＿＿＿＿＿＿＿＿＿＿＿＿＿＿＿＿＿＿＿

我们方案需要补充的地方有＿＿＿＿＿＿＿＿＿＿＿＿＿＿＿＿＿＿＿＿
＿＿＿＿＿＿＿＿＿＿＿＿＿＿＿＿＿＿＿＿＿＿＿＿＿＿＿＿＿＿＿＿＿

我认为还有更好的方案，我们可以（怎么做）＿＿＿＿＿＿＿＿＿＿＿
＿＿＿＿＿＿＿＿＿＿＿＿＿＿＿＿＿＿＿＿＿＿＿＿＿＿＿＿＿＿＿＿＿
＿＿＿＿＿＿＿＿＿＿＿＿＿＿＿＿＿＿＿＿＿＿＿＿＿＿＿＿＿＿＿＿＿

学习探究

① 智能化产品设计流程

智能化产品的技术特征及其定位决定了它具有物质化和非物质化两种产品属性。作为服务终端，它需要依靠物质媒介，并通过物质的形态、材料、结构等实现使用功能，这是其物质化产品属性的表现；同时，智能化产品除了提供电子设备自身所具有的服务，还可提供来自网络的服务，这体现了它的非物质化产品属性。因此，智能化产品的根本任务是提供智能化服务，无论它是否拥有传统的物质化产品的功能，它都是非物质化、智能化服务的载体。

根据"形式追随功能"的原则，智能化产品的形式与功能的关系可以被细化为"服务内容—交互方式—交互平台—硬件原型—硬件界面"的形式。因此，智能系统产品设计的一般流程如图2-4所示。

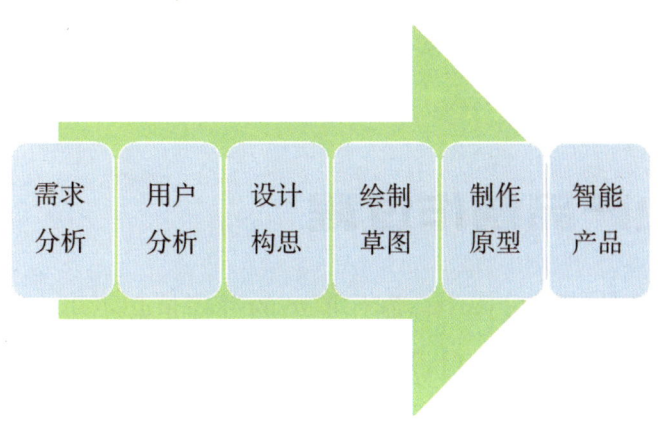

图2-4 智能化产品设计与制作的一般流程

（1）需求分析。

在设计智能化产品前，先由项目需求人员提供一份需求文档，然后设计人员认真阅读需求文档，并根据需求文档整理出一份功能清单，这份清单是设计人员进行设计，以及与其他工作人员进行讨论的依据，也是判断产品优劣的评价标准。

（2）用户分析。

在设计实践中最容易让设计人员感到困惑的是：目标用户是谁、年龄分布如何、电子产品的接受程度如何、用户的心理预期是什么等问题。合理的设计方案建立在深刻了解用户的基础之上，设计人员不仅要了解用户与系统交互时的各种认知过程，还需要了解人们处理日常生活问题的方法。智能系统产品设计的最高境界是构建一个以满足人们需求为目标的交互系统，并追求系统构成要素的和谐。

（3）设计构思。

在产品设计中通常使用的一种创新性技术叫"身体风暴"。"身体风暴"又称"体力激荡"，这种技术要求设计人员在设计产品时想象产品是已经存在的，通过一系列的肢体与动作表演来体现产品的功能与特征。这个过程要尽量思考并模拟如何解决生活中的具体问题，寻找产品功能的展现手段。

（4）绘制草图。

绘制草图是产品设计中最广泛的原型设计和构建方法，也是制作产品的基础准备。在草图阶段，开发小组可以针对产品的外形与内部结构进行初步的规划。

因为智能化产品要根据不同的环境与人进行沟通与互动，所以在草图阶段就要设计产品的运作方式以及反馈模式，为下阶段的程序控制设计做好准备。

2 智能化产品制作过程

在智能化产品的开发过程中，制作原型的过程是必不可少的。原型是对产品概念的形象化和具体化，是对设计人员构想的一种实现。它可以将设计想法转化成看得见、摸得着的实物，第一时间让其他人体验并征集建议。

（1）制作低保真原型。

低保真原型制作的原因包括：第一，要连接智能化产品的控制板与各种传感器，调试控制程序代码，使产品的内部结构即产品的电子骨架可以实现预定的功能。在这个过程中，调试程序代码需要编程人员不断地对软硬件进行适配性调试。第二，要把电子骨架与产品外壳的替代物安装在一起，用以测试各种机械结构的灵敏度以及操控力度，并合理安装控制板。

（2）制作高保真原型。

高保真原型是接近实际产品的一种表达手段。用户可以通过它来模拟测试最终的产品。智能化产品的外壳部分建议使用3D打印机或数控机床制作，这样会更加接近实物。

探究活动

下面，通过设计和制作简易电子琴，体验智能系统项目的开发过程。

1 作品工作原理设计

通过查阅乐器的相关资料，发现制作简易电子琴需要解决以下主要问题：

问题一：通过什么材料、电子元件发出声音？

问题二：怎么触发声源发出声音？

问题三：如何制订音符规则？

可以利用多个按钮或者触摸传感器作为输入模块,模拟电子琴的多个按键,利用蜂鸣器作为声音输出模块播放声音,编写程序控制电子琴,如图2-5所示。碰触不同按键,电子琴发出不同的音调,从而实现电子琴的基本功能。

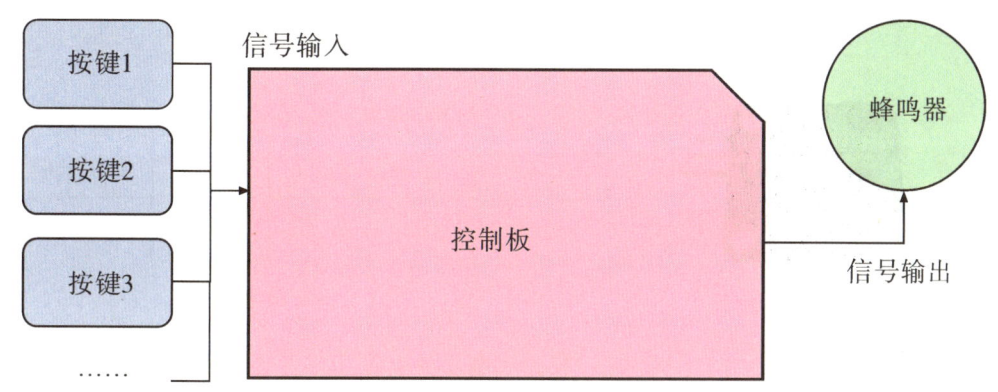

图2-5 简易电子琴工作原理设计

❷ 硬件与电子元件的选择

制作简易电子琴需要准备一些硬件和材料,按照❶中提出的简易电子琴设计思路,需要准备的主要硬件和材料如表2-3所示。

表2-3 制作简易电子琴硬件及材料清单

编号	名称	数量	功能
1	Arduino Uno控制板	1块	控制设备
2	Arduino I/O扩展板	1块	扩展管脚数
3	触摸传感器	7个	作为琴键
4	无源蜂鸣器	1个	发出声音
5	杜邦线	若干	连接硬件
6	方口USB数据线	1条	传输数据
7	9 V电池盒	1个	供电
8	PVC板、纸盒	若干	制作外形
9	黏合剂、胶布	若干	制作外形

1. 蜂鸣器

蜂鸣器由振动装置和谐振装置组成，而蜂鸣器又分为无源他激型［如图2-6（a）所示］与有源自激型［如图2-7（a）所示］。无源他激型蜂鸣器的工作发声原理是方波信号输入振动装置，转换为声音信号输出，如图2-6（b）所示；有源自激型蜂鸣器的工作发声原理是直流电源输入，经过振荡系统的放大取样后转换为声音信号输出，如图2-7（b）所示。

（a）无源蜂鸣器　　　　　　　　（b）原理图

图2-6　无源他激型蜂鸣器

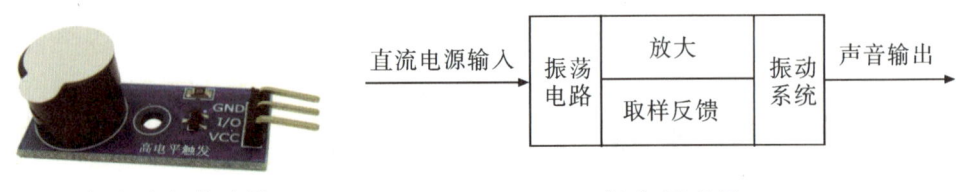

（a）有源蜂鸣器　　　　　　　　（b）原理图

图2-7　有源自激型蜂鸣器

2. 触摸传感器

触摸传感器（如图2-8所示）又称电容式点动型单键触摸开关模块。常态下，触摸传感器输出低电平，工作状态为低功耗模式；当用手指触摸相应位置时，会输出高电平，工作状态切换为快速模式；当持续一段时间没有被触摸时，工作状态又切换为低功耗模式。

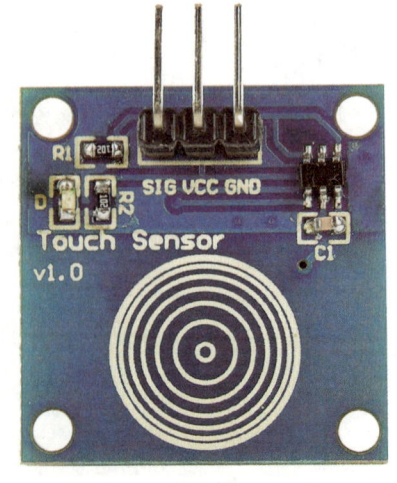

图2-8　触摸传感器

高电平和低电平

电平高低是相对的。高电平是电子电路中电压较高的状态，一般记为1；低电平是电子电路中电压较低的状态，一般记为0。

3 动手做项目：连接组件

在做好硬件准备后，便可进入连接组件环节。组件连接如图2-9所示，步骤和方法如下：

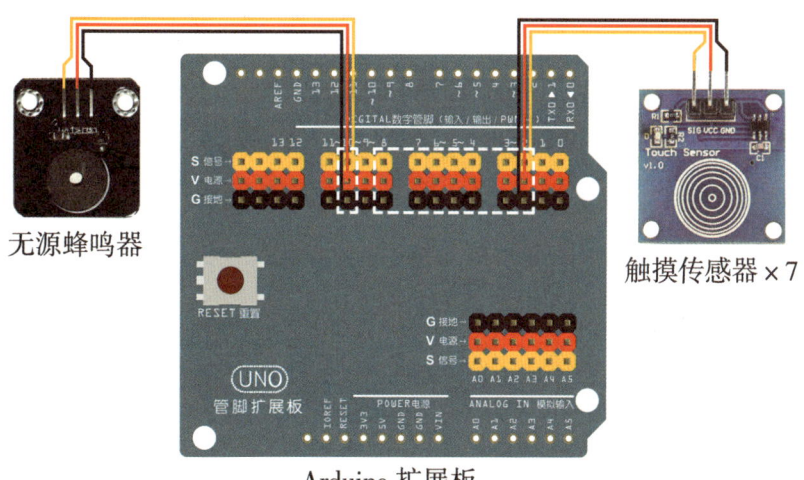

图2-9　硬件连接模拟图

1. 扩展板的连接

把扩展板按照控制板管脚以及方向安装到主控板上。

2. 传感器与扩展板的连接

把无源蜂鸣器、触摸传感器与扩展板连接，如表2-4所示。其中，"D"表示数字管脚，"SIG"为信号端，"VCC"为正极，"GND"为负极。

表2-4 传感器与扩展板的连接

传感器类型	传感器管脚	扩展板管脚	传感器类型	传感器管脚	扩展板管脚
触摸传感器①	SIG	D2 SIG	触摸传感器⑤	SIG	D6 SIG
	VCC	D2 VCC		VCC	D6 VCC
	GND	D2 GND		GND	D6 GND
触摸传感器②	SIG	D3 SIG	触摸传感器⑥	SIG	D7 SIG
	VCC	D3 VCC		VCC	D7 VCC
	GND	D3 GND		GND	D7 GND
触摸传感器③	SIG	D4 SIG	触摸传感器⑦	SIG	D8 SIG
	VCC	D4 VCC		VCC	D8 VCC
	GND	D4 GND		GND	D8 GND
触摸传感器④	SIG	D5 SIG	无源蜂鸣器	SIG	D10 SIG
	VCC	D5 VCC		VCC	D10 VCC
	GND	D5 GND		GND	D10 GND

❹ 动手做项目：编写程序

根据❶中描述的设计思路，设计简易电子琴主控程序。

1. 头文件

添加蜂鸣器音调频率头文件"pitches.h"（需要自己编写）。

2. 定义管脚

定义蜂鸣器控制管脚名称为"BUZZER_PIN"，管脚号为10，蜂鸣器发声持续时间"DURATION_TIME"为100毫秒。

3. 初始化

在初始化函数"setup()"中，设置2～7号数字管脚为输入模式。

4. 主程序

在循环函数"loop()"中,若通过函数"digitalRead()"检测到对应触摸传感器被触碰,则使用"tone()"函数输出相应声音信号,使蜂鸣器发出相应音调。

简易电子琴程序设计流程图如图2-10所示。

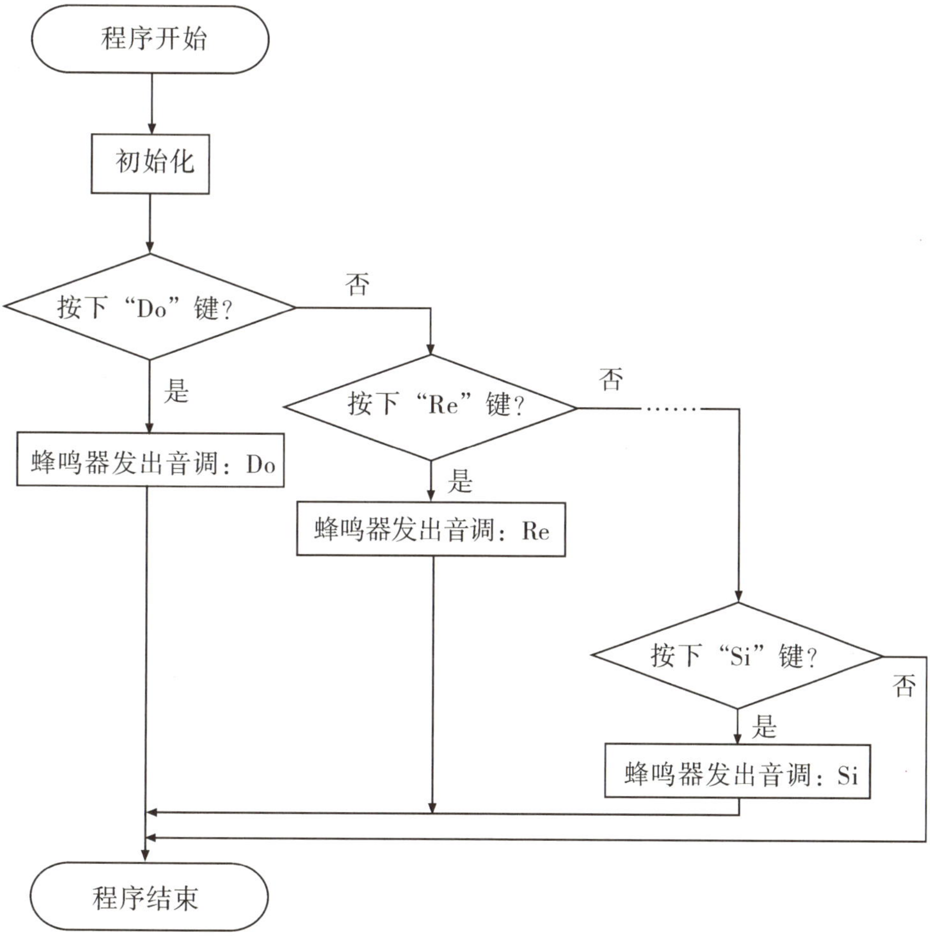

图2-10 简易电子琴程序设计流程图

#include "pitches.h" //蜂鸣器音调频率头文件
#define BUZZER_PIN 10 //定义蜂鸣器管脚名称和管脚号

```
#define DURATION_TIME 100 //定义蜂鸣器每次发声持续时间

void setup(){
//按顺序设置音调对应管脚
  pinMode(2, INPUT);  //Do
  pinMode(3, INPUT);  //Re
  pinMode(4, INPUT);  //Mi
  pinMode(5, INPUT);  //Fa
  pinMode(6, INPUT);  //Sol
  pinMode(7, INPUT);  //La
  pinMode(8, INPUT);  //Si
}

void loop(){
//如果"Do"键被触碰,播放音调Do,如此类推
//触摸特定传感器播放特定音调
  if(digitalRead(2)){
     tone(BUZZER_PIN, NOTE_C5, DURATION_TIME);
     //tone()函数,参数分别为输出管脚号、发声频率以及持续的时间(单位毫秒)
  }
  if(digitalRead(3)){
     tone(BUZZER_PIN, NOTE_D5, DURATION_TIME);
  }
  if(digitalRead(4)){
  tone(BUZZER_PIN, NOTE_E5, DURATION_TIME);
  }
  if(digitalRead(5)){
     tone(BUZZER_PIN, NOTE_F5, DURATION_TIME);
  }
  if(digitalRead(6)){
     tone(BUZZER_PIN, NOTE_G5, DURATION_TIME);
  }
  if(digitalRead(7)){
     tone(BUZZER_PIN, NOTE_A5, DURATION_TIME);
  }
```

```
    if(digitalRead(8)){
        tone(BUZZER_PIN, NOTE_B5, DURATION_TIME);
    }
}
```

以下为头文件"pitches.h"的内容，记录每个音调对应的频率。

```
#define NOTE_B0 31
#define NOTE_C1 33
#define NOTE_CS1 35
#define NOTE_D1 37
#define NOTE_DS1 39
#define NOTE_E1 41
#define NOTE_F1 44
#define NOTE_FS1 46
#define NOTE_G1 49
#define NOTE_GS1 52
#define NOTE_A1 55
#define NOTE_AS1 58
#define NOTE_B1 62
#define NOTE_C2 65
#define NOTE_CS2 69
#define NOTE_D2 73
#define NOTE_DS2 78
#define NOTE_E2 82
#define NOTE_F2 87
#define NOTE_FS2 93
#define NOTE_G2 98
#define NOTE_GS2 104
#define NOTE_A2 110
#define NOTE_AS2 117
```

智能系统设计与制作

```
#define NOTE_B2 123
#define NOTE_C3 131
#define NOTE_CS3 139
#define NOTE_D3 147
#define NOTE_DS3 156
#define NOTE_E3 165
#define NOTE_F3 175
#define NOTE_FS3 185
#define NOTE_G3 196
#define NOTE_GS3 208
#define NOTE_A3 220
#define NOTE_AS3 233
#define NOTE_B3 247
#define NOTE_C4 262
#define NOTE_CS4 277
#define NOTE_D4 294
#define NOTE_DS4 311
#define NOTE_E4 330
#define NOTE_F4 349
#define NOTE_FS4 370
#define NOTE_G4 392
#define NOTE_GS4 415
#define NOTE_A4 440
#define NOTE_AS4 466
#define NOTE_B4 494
#define NOTE_C5 523
#define NOTE_CS5 554
#define NOTE_D5 587
#define NOTE_DS5 622
#define NOTE_E5 659
```

```
#define NOTE_F5 698
#define NOTE_FS5 740
#define NOTE_G5 784
#define NOTE_GS5 831
#define NOTE_A5 880
#define NOTE_AS5 932
#define NOTE_B5 988
#define NOTE_C6 1047
#define NOTE_CS6 1109
#define NOTE_D6 1175
#define NOTE_DS6 1245
#define NOTE_E6 1319
#define NOTE_F6 1397
#define NOTE_FS6 1480
#define NOTE_G6 1568
#define NOTE_GS6 1661
#define NOTE_A6 1760
#define NOTE_AS6 1865
#define NOTE_B6 1976
#define NOTE_C7 2093
#define NOTE_CS7 2217
#define NOTE_D7 2349
#define NOTE_DS7 2489
#define NOTE_E7 2637
#define NOTE_F7 2794
#define NOTE_FS7 2960
#define NOTE_G7 3136
#define NOTE_GS7 3322
#define NOTE_A7 3520
#define NOTE_AS7 3729
```

```
#define NOTE_B7 3951
#define NOTE_C8 4186
#define NOTE_CS8 4435
#define NOTE_D8 4699
#define NOTE_DS8 4978
```

"tone()"函数

"tone()"函数能产生不同频率且占空比相同（50%）的波形。常用指令形式为：

tone(pin, frequency);

tone(pin, frequency, duration);

其中，

pin: 需要输出方波的引脚。

frequency: 输出的频率，无符号整型（unsigned int）。

duration: 发声持续的时间，单位毫秒。如果没有该参数，Arduino 将持续发出设定的音调，直到我们改变发声频率或者使用"noTone()"函数停止发声。

5 测试与分析

上传程序，接通电源，检测简易电子琴能否弹奏，如图2-11所示。尝试弹奏自己拿手的曲目吧！

图2-11 简易电子琴v1.0

使用生活中容易获取的节能环保材料,对作品进行总成和外观设计。用白色PVC板制作简易电子琴底座,如图2-12所示。

图2-12 简易电子琴底座

在底座侧面开洞，使电源线便于通过，如图2-13所示。

图2-13　底座电源线孔

把控制板、电源、电源插头放进底座内。

制作简易电子琴的琴面，如图2-14所示。

图2-14　简易电子琴的琴面

简易电子琴琴面的背面如图2-15所示。

图2-15 简易电子琴琴面的背面

进行外观美化后的简易电子琴如图2-16所示。

图2-16 简易电子琴v2.0

项目实施

请根据本组的项目选题及拟定的项目方案,结合本课所学知识,进一步完

善该项目方案中的各项学习活动，制作本组选定项目的作品。参照项目范例的样式，撰写本组的项目成果报告，并填写表2-5。

表2-5 项目实施日志

流程	事项	工作日志
1	准备材料	
2	连接组件	
3	编写程序	
4	测试优化	
5	美化外观	
6	撰写报告	

成果交流

请将完成的项目学习成果在小组和班级中进行展示与交流，并在表2-6中对自己的成果作出评价。

表2-6 作品评价表

评价指标	指标说明	评价
创新性	能有创意地解决所面对的问题，这个问题目前市面上未有妥善的解决方案，或对目前已有的解决方案进行了显著的改善和创新	□优秀 □良好 □中等 □仍需努力

（续表）

评价指标	指标说明	评价
实用性	方案严谨合理，技术上可行，符合成本效益，制作方法、流程高效灵活，所实现的功能契合所选主题的需求	□优秀 □良好 □中等 □仍需努力
技术水平	规划的方案具有与课题相关较高的知识水平。在方案实现的过程中，具备较高的软硬件知识水平，对已有的工艺或技术进行了改进，实现了技术创新	□优秀 □良好 □中等 □仍需努力
艺术性	对作品的外形和色彩搭配，有适当的审美考虑。材料及设计符合安全要求，作品易于被用户控制及使用	□优秀 □良好 □中等 □仍需努力
演示及回应	作品展示资料充足，简洁准确，语言流畅，组员间配合得宜。回答问题时，对问题理解准确，思路清晰，反应迅捷，逻辑严密	□优秀 □良好 □中等 □仍需努力

活动评价

请根据本组的项目选题、拟定的项目方案、实施情况和所形成的项目成果，参照本书"附录"和表2-7，对自己的学习活动进行评价和总结。

表2-7　项目学习活动自我总结表

项目主题			
姓名	学号		日期
小组成员			
自我总结			

在该项目中我所完成的任务是_____

该项目所涉及的学习领域有_____

项目实施过程中我遇到的困难有_____

我克服困难的方法是_____
_____

关于整体分工和合作情况，其他小组值得我们学习的是_____
_____

关于项目的选题、实施、成果和展示，其他小组值得我们借鉴的是_____
_____

通过该项目学习，我的收获是_____
_____

通过该项目学习，我知道自己的优势在于_____
_____

我还需要继续努力的方面有_____
_____

如果再做一次该项目，我会作出的调整是_____
_____

第3课　认识智能系统的硬件

计算机硬件是计算机系统中由电子、机械和光电等元件组成的各种物理装置的总称。这些物理装置按系统功能的需求构成一个有机整体，为计算机的软件运行提供设备基础。

在计算机发展的早期，硬件都是开源的，设计原理图是公开的。在20世纪60年代，很多公司思考：为什么要开放自己的资源。因此在那个时期，很多公司都选择了闭源。在这种情况下，再加上诸如贸易壁垒、技术壁垒、专利版权等问题，不同公司之间互相起诉的情况常有发行。这种做法在一定程度上有利于保护创新，但是会阻碍小公司或者个体的创新发展。

在"开源"的历史前提下，很多人思考硬件是不是可以重新走上"开源"的道路。之后，一小批爱好者（也就是创客）开始致力于开源硬件的研究，开源硬件领域得以再次焕发生机，到现在甚至制造出开源的智能设备，如3D打印机、无人机等。

本节课通过"认识智能系统的硬件"项目，学会运用观察、比较、分析、综合、抽象、判断、推理等思维方法，进行自主、协作、探究学习，认识智能系统的常用硬件，了解其外观、结构、功能与应用场景，从而形成良好的学习和思维习惯，促进创新能力的养成，完成项目学习目标。

项目目标

通过学习"认识智能系统的硬件"项目，了解计算机和开源硬件的发展历史。查阅资料，了解常见的开源硬件及其特征。认识Arduino Uno控制板、扩展板和常用传感器，了解它们的特征及用途。通过实物观察和试用，加深对开源硬件和电子元件的理解，为后面的课程学习打下基础。也可参观智能创客实验室及观赏优秀的创客作品，加深对开源硬件应用的认识。

项目范例

生活中的智能设备无处不在，它们的外观往往看上去简洁漂亮。充满好奇心的小智同学拆开了一个上学用的计算器，发现里面有很多电线与集成电路。他想知道，为什么这些电子元件集合在一起就能变成一个功能丰富的计算器呢？

问题一：智能系统功能是通过什么部件实现的？

问题二：常见智能系统的硬件有哪些？

问题三：智能系统硬件的功能是什么？

1. 主题

认识智能系统的硬件。

2. 内容

通过开展"认识智能系统的硬件"项目学习活动，认识常用的智能系统硬件，了解其结构、功能、原理及使用方法。

3. 规划

根据本方案的主题及内容要求，利用思维导图等图形化表达工具，在小组内部开展"头脑风暴"活动，制订项目学习规划，如图3-1所示。

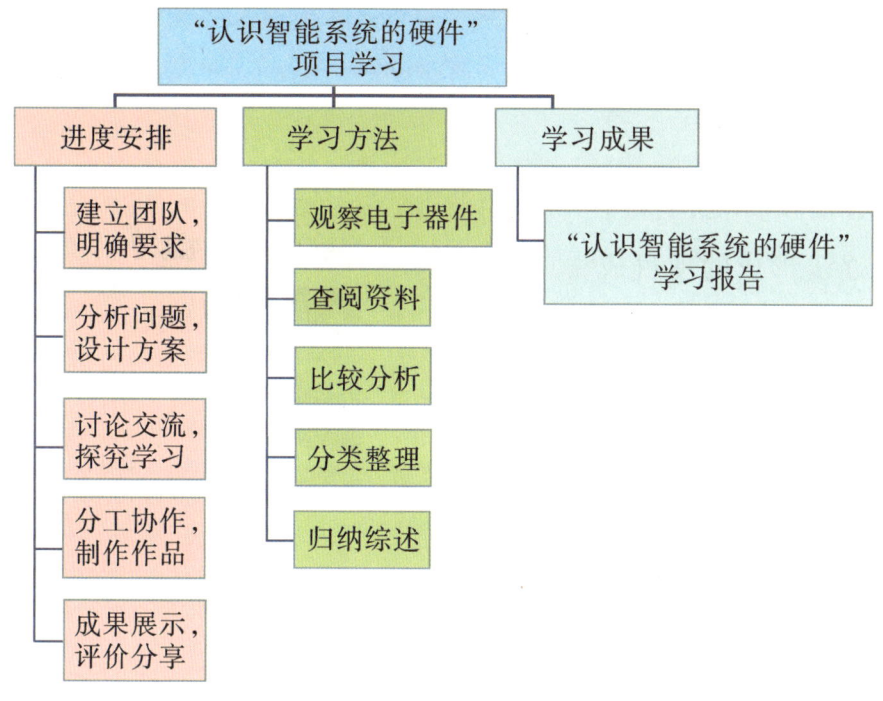

图3-1 "认识智能系统的硬件"项目学习规划

4．探究

根据问题的指引和项目学习规划的安排，"认识智能系统的硬件"项目学习探究活动内容如表3-1所示。

表3-1 "认识智能系统的硬件"项目学习探究活动内容

探究学习内容	探究学习活动	知识技能
现代计算机发展史及计算机基本原理	查阅资料，观察、分析和操作	了解计算机硬件基础知识
常见的开源硬件	查阅资料，观察、分析和操作	了解常见的开源硬件及其特征
Arduino Uno控制板、扩展板和常用电子元件	查阅资料，观察、分析和操作	掌握Arduino Uno控制板、扩展板和常用电子元件的特征及用途
参观智能创客实验室、观赏优秀创客作品	抽象、概括和推理	了解开源硬件的应用途径

成　果

1．展示

展示在项目范例探究过程中逐步形成的项目成果——"认识智能系统的硬件"学习报告，如图3-2所示。学习报告内容应该包括对开源硬件的认知，以及身边开源硬件的实际应用。

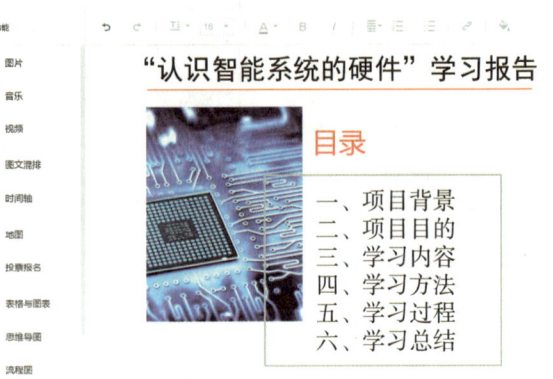

图3-2　"认识智能系统硬件"学习报告示例

2．交流

围绕开源硬件的应用，分别在小组和班级中开展交流，进一步探讨目前及将来开源硬件在社会中的应用。

3．评价

根据表3-1"认识智能系统的硬件"项目学习探究活动内容，对项目范例学习过程和成果作品进行自评和互评。

项目选题

请以3～6人为一组，以智能系统硬件为中心，从下列参考主题中选择一项进行调查探究，也可小组商讨，自定主题。

主题一：计算机的硬件及传感器。

主题二：数码相机的硬件及传感器。

主题三：电视机的硬件及传感器。

自定主题：

项目规划

参照项目范例的样式,制订本小组的项目学习活动方案。请将小组的方案填写到表3-2中。

表3-2 项目学习活动方案

项目主题	
要解决的核心问题	
调查探究的智能设备包含的硬件	☐处理器　☐显示屏 ☐其他:＿＿＿＿＿＿
智能系统硬件的功能	
智能系统硬件的构造	
需要学习的知识或技能	
开展项目学习的方法	
进度安排表	
学习资源获取途径及获得指导的途径	
可能会遇到的困难	
预期成果	

试着画一下自己的项目规划思维导图吧！

方案交流

各小组将完成的项目学习活动方案在班级中进行展示交流，师生根据交流情况，跟随下列问题的引导，共同完善本组的项目方案。

我们方案的优点是＿＿＿＿＿＿＿＿＿＿＿＿＿＿＿＿＿＿＿＿＿＿＿＿＿＿＿
＿＿＿＿＿＿＿＿＿＿＿＿＿＿＿＿＿＿＿＿＿＿＿＿＿＿＿＿＿＿＿＿＿＿＿

我们方案需要补充的地方有＿＿＿＿＿＿＿＿＿＿＿＿＿＿＿＿＿＿＿＿＿＿
＿＿＿＿＿＿＿＿＿＿＿＿＿＿＿＿＿＿＿＿＿＿＿＿＿＿＿＿＿＿＿＿＿＿＿

我认为还有更好的方案，我们可以（怎么做）＿＿＿＿＿＿＿＿＿＿＿＿＿
＿＿＿＿＿＿＿＿＿＿＿＿＿＿＿＿＿＿＿＿＿＿＿＿＿＿＿＿＿＿＿＿＿＿＿
＿＿＿＿＿＿＿＿＿＿＿＿＿＿＿＿＿＿＿＿＿＿＿＿＿＿＿＿＿＿＿＿＿＿＿

学习探究

在小学和初中，我们可能已经接触过Arduino，并学习了其基本使用方法。而Arduino发展至今，其核心理念正是开源分享，我们应该感谢前人的这种开源分享精神。如果没有他们的无私奉献，如今的创客们就不会有这么完善的智能设备开发条件。

❶ Arduino 控制板及衍生控制板

1. Arduino的由来

Arduino系列控制板的出现极大地推动了开源硬件探究活动的发展。Arduino创始团队中的马西莫·班齐（Massimo Banzi）之前是一家高科技设计学校的教师。他的学生们经常抱怨找不到既便宜又好用的微型控制板。大卫·奎提耶斯（David Cuartielles）是一个芯片工程师，当时在这所学校做访问学者。2005年冬天，班齐跟奎提耶斯讨论了这个问题，两人决定设计自己的电路板，并找到了班齐的学生大卫·梅利斯（David Mellis）为电路板设计编程语言。两天以后，梅利斯就写出了程序代码。又过了三天，电路板就完工了。

几乎任何人（即使不懂电脑编程）都能用Arduino做出很酷的东西，比如闪烁灯光、声控马达、光控蜂鸣器等。随后Arduino团队把设计资料放到了网上。版权法可以监管开源软件，却很难用在硬件上，为了保持设计的开放源码理念，他们决定采用共享创意许可（Creative Commons）的授权方式公开硬件设计图。在这样的授权下，任何人都可以生产电路板的复制品，甚至还能重新设计和销售原设计的衍生复制品。人们不需要支付任何费用，甚至不用取得Arduino团队的许可。然而，如果引用并重新发布了设计，就必须声明原始Arduino团队的贡献。如果修改了电路板，则最新设计必须使用相同或类似的共享创意许可的授权方式，以保证新版本的Arduino控制板也是自由和开放的。唯一被保留的只有Arduino这个名字，它被注册成商标，在没有官方授权的情况下不能使用它。短短几年时间，Arduino在全球积累了大量用户，推动了开源硬件领域创客活动的发展，甚至是硬件创业领域的发展。越来越多的芯片厂商和开发公司宣布自己的硬件支持Arduino。

2．Arduino的衍生控制板

正因为Arduino的设计图是开源的，也允许任何人去生产和重新设计，所以发展至今，Arduino有着众多不同的型号及衍生控制板。本书的创客项目将统一采用Arduino Uno控制板。

Arduino Uno控制板是Arduino USB接口系列的最新版本，作为Arduino平台的参考标准模板，具有Arduino的所有功能。Arduino Uno的处理器核心是ATmega328，同时具有14路数字输入/输出管脚（其中6路可实现脉冲宽度调制PWM），进行模拟输出，还有6路模拟输入管脚，一个16 MHz晶体振荡器，一个USB接口，一个电源插座，一个ICSP接口和一个复位按钮。

以小组为单位，领取一块Arduino Uno控制板，根据图3-3，找出标注的对应部分。

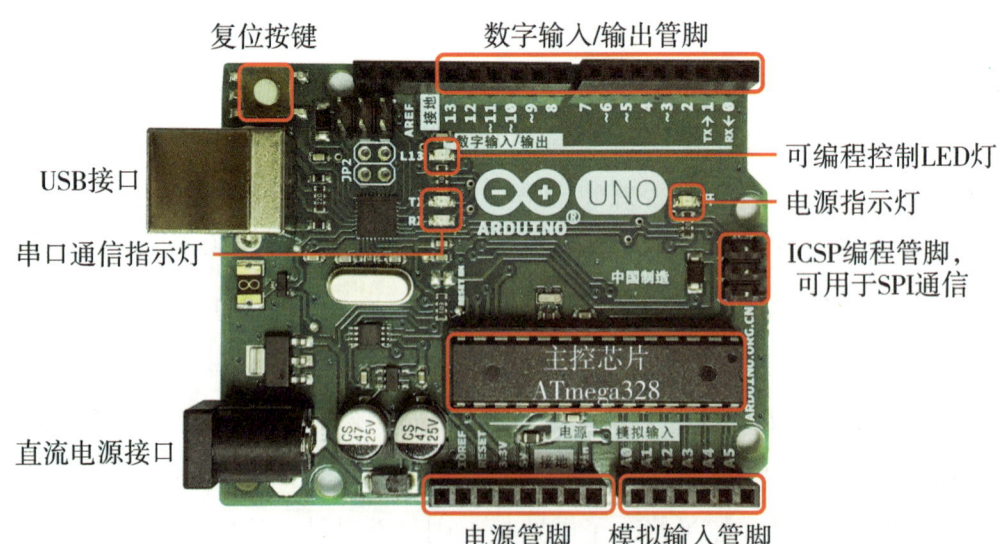

图3-3　Arduino Uno控制板结构

请通过互联网查阅资料，了解以下型号的Arduino控制板及其主要特征，并填写表3-3。

表3-3 常用的Arduino 衍生控制板

编号	控制板名称	外观	主要特征
1	Arduino Nano		特点： 优点： 缺点：
2	Arduino Mini		特点： 优点： 缺点：
3	Arduino Mega		特点： 优点： 缺点：
4	Arduino Due		特点： 优点： 缺点：
5	Arduino Ethernet		特点： 优点： 缺点：

47

2 Arduino扩展模块及电子元件

使用Arduino控制板制作智能创客作品时，常常需要使用Arduino扩展模块连接电子元件，才能使作品与人和环境交互。我们常用的电子元件包括传感器、驱动传动装置及显示元件等。智能创客作品通过传感器感知周围环境并形成信息，由程序处理获得的信息，然后通过驱动传动装置做出反馈动作，或通过显示元件、声音元件与人实现互动，如图3-4所示。

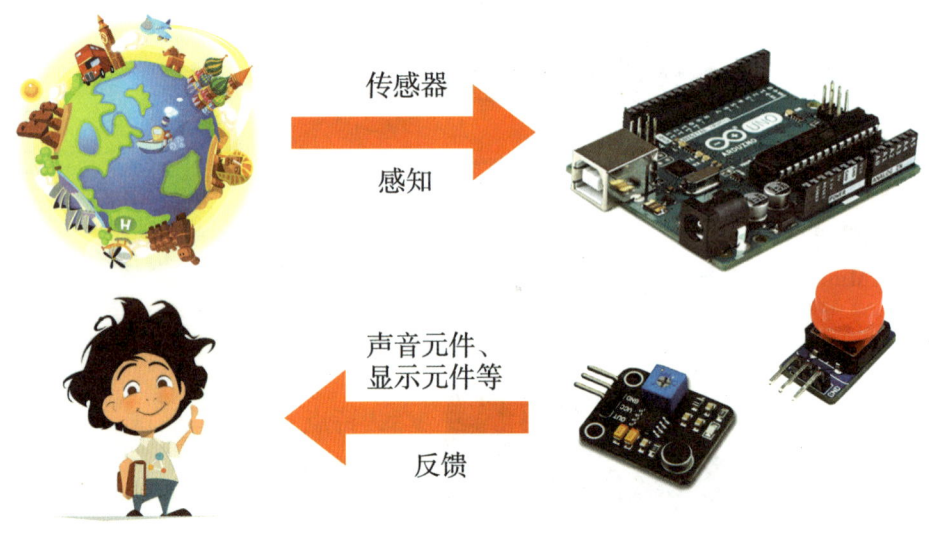

图3-4　Arduino通过电子元件与外界交互

请以小组为单位，领取本书配套材料包。分别找到对应的电子元件，并观察其外观与结构。查阅资料，初步了解每一个电子元件的特征、工作原理和用途，并填写表3-4。

表3-4 各种类型的电子模块

编号	模块名称	外观	简要描述其特征及工作原理
1	Arduino I/O 扩展板		使用Arduino I/O扩展板可扩展管脚数，使每个输入/输出管脚均配有电源与接地管脚。使用时根据Aruino Uno控制板的方向插到控制板上。要连接电子模块时，只需要使用连接线，把各种模块连接到扩展板上即可
2	舵机	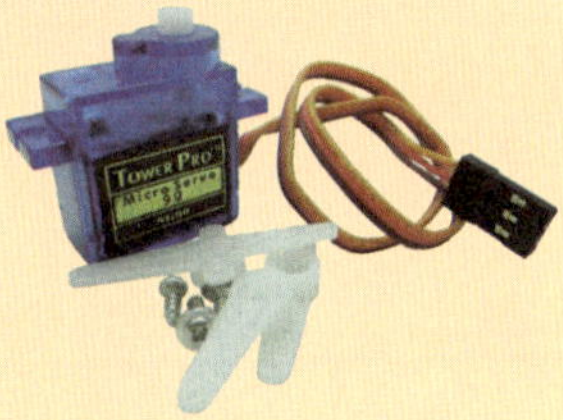	
3	蜂鸣器	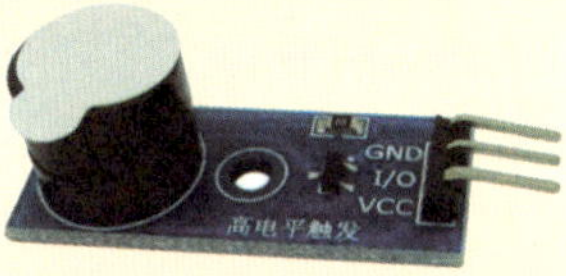	
4	触摸传感器		
5	雨滴传感器	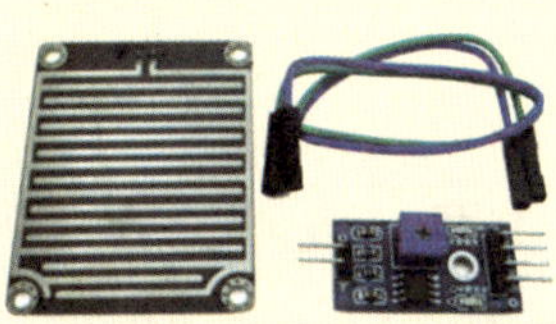	

49

（续表）

编号	模块名称	外观	简要描述其特征及工作原理
6	超声波传感器		
7	红外避障传感器		
8	电机驱动板		
9	LCD1602显示屏		

项目实施

请根据本组的项目选题及拟定的项目方案，结合本课所学知识，进一步完善该项目方案中的各项学习活动，完成本组选定项目的学习报告，并填写表3-5。

表3-5　项目实施日志

流程	事项	工作日志
1	小组分工	
2	搜集资料	
3	开展调研	
4	资料整理	
5	资料补充	
6	撰写报告	

成果交流

请将完成的项目学习成果在小组和班级中进行展示与交流，并在表3-6中对自己的成果作出评价。

表3-6　作品评价表

评价指标	指标说明	评价
合理性	活动方案严谨科学，技术上可行，学习方法、流程高效灵活，所开展的学习探究活动符合所选主题	□优秀 □良好 □中等 □仍需努力

（续表）

评价指标	指标说明	评价
创新性	能有创意地解决学习探究过程中遇到的问题。撰写的报告有独特的见解	□优秀 □良好 □中等 □仍需努力
技术水平	学习探究活动的规划与报告内容体现较高的知识水平	□优秀 □良好 □中等 □仍需努力
科学性	所撰写的报告资料充足，语言简练准确。能合理分析学习探究内容，并作出科学的总结	□优秀 □良好 □中等 □仍需努力
演示及回应	报告展示资料充足，简洁准确，语言流畅，组员间配合得宜。回答问题时，对问题理解准确，思路清晰，反应迅捷，逻辑严密	□优秀 □良好 □中等 □仍需努力

活动评价

请根据本组的项目选题、拟定的项目方案、实施情况和所形成的项目成果，参照本书"附录"和表3-7，对自己的学习活动进行评价和总结。

表3-7 项目学习活动自我总结表

项目主题			
姓名		学号	日期
小组成员			
自我总结			

在该项目中我所完成的任务是_____

该项目所涉及的学习领域有_____

项目实施过程中我遇到的困难有_____

我克服困难的方法是_____
_____

关于整体分工和合作情况,其他小组值得我们学习的是_____
_____

关于项目的选题、实施、成果和展示,其他小组值得我们借鉴的是_____
_____

通过该项目学习,我的收获是_____
_____

通过该项目学习,我知道自己的优势在于_____
_____

我还需要继续努力的方面有_____
_____

如果再做一次该项目,我会作出的调整是_____
_____

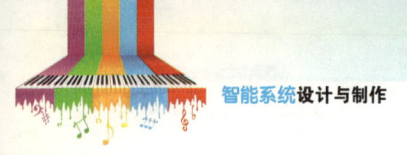

智能系统设计与制作

第4课　认识智能系统的软件

计算机硬件是看得见、摸得着的物理部件或设备。软件产品则以程序和文档的形式存在，通过在计算机上运行来体现其作用。而计算机也需要通过运行软件实现功能、提供服务来体现其价值。

同理，在我们智能创客课程的学习中，只有开源硬件是不能体现作品价值

图4-1　手机软件实现手机智能化

的，我们还需要编写软件程序，使用程序控制开源硬件来达到设计者的开发意图。

本节课通过"认识智能系统的软件"项目，学会运用观察、比较、分析、综合、抽象、判断、推理等思维方法，进行自主、协作、探究学习，认识智能系统的常用软件，了解智能系统软件的使用方法，学习智能程序设计的基础知识，从而形成良好的学习和思维习惯，促进创新能力的养成，完成项目学习目标。

项目目标

通过学习"认识智能系统的软件"项目，了解智能系统的开发环境；通过体验示例程序操作，加深对智能化产品设计与研发流程的理解；学习智能系统编程基础，为后面的课程学习打下基础。参观智能创客实验室，体验优秀的创客作品，浏览作品的控制程序，加深对智能系统软件的认识。

项目范例

生活中的智能设备无处不在,它们往往具有各种各样的功能,有的甚至能与用户对话,满足用户的需求。充满好奇心的小智同学去科技馆游玩的时候,发现了一个智能机器人,它除了能回应小智的问好,做出不同的动作,还能回答小智提出的问题。小智想知道是什么让机器人"活起来"的?

问题一:什么是智能系统软件?

问题二:智能系统软件的特点与功能是什么?

问题三:如何使用智能系统软件编写智能化程序?

1. 主题

认识智能系统的软件。

2. 内容

通过开展"认识智能系统的软件"项目学习活动,认识智能系统的软件,了解智能系统软件的特点与使用方法。

3. 规划

根据本方案的主题及内容要求,利用思维导图等图形化表达工具,在小组内部开展"头脑风暴"活动,制订项目学习规划,如图4-2所示。

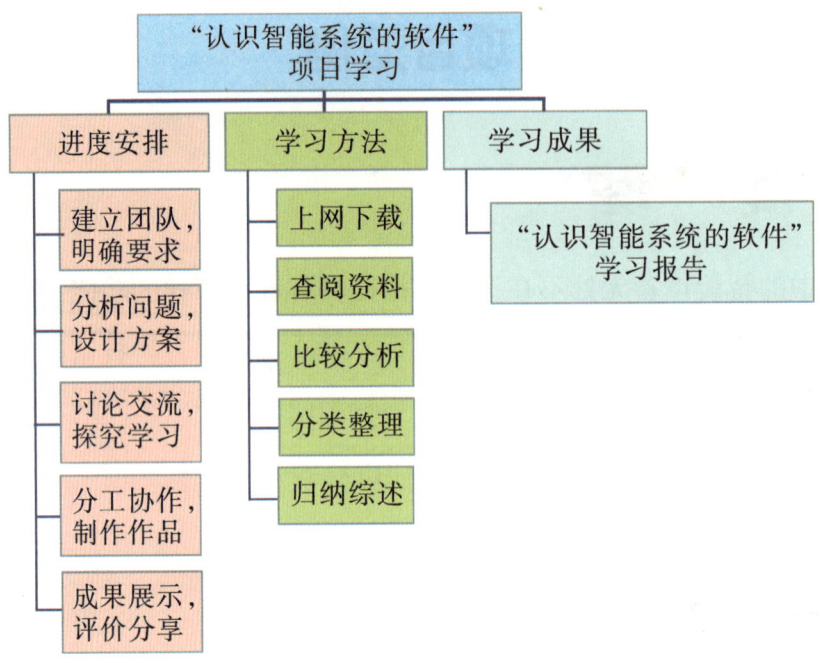

图4-2 "认识智能系统的软件"项目学习规划

4．探究

根据问题的指引和项目学习规划的安排，"认识智能系统的软件"项目学习探究活动内容如表4-1所示。

表4-1 "认识智能系统的软件"项目学习探究活动内容

探究学习内容	探究学习活动	知识技能
智能系统软件	查阅资料，观察、分析	认识智能系统
智能系统软件的特点	查阅资料，观察、分析	了解智能系统软件的特点
智能系统软件的使用方法	查阅资料，观察、分析	了解智能系统软件的使用方法
智能系统软件编程基础	查阅资料，观察、分析、实践	学习智能系统软件编程基础

1. 展示

展示在项目范例探究过程中逐步形成的项目成果——"认识智能系统的软件"学习报告,如图4-3所示。学习报告内容应该包括对智能系统软件的认识,以及编写智能程序的知识与技巧。

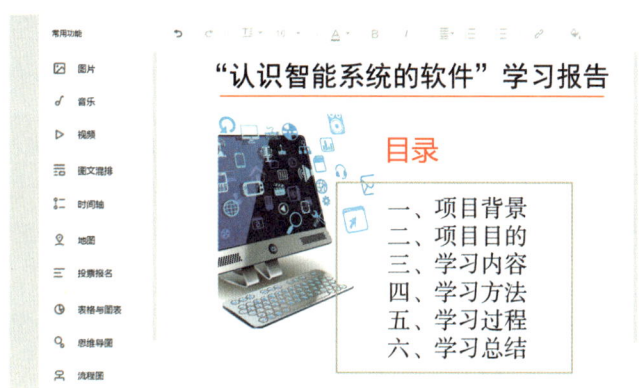

图4-3 "认识智能系统的软件"学习报告示例

2. 交流

围绕智能系统软件,分别在小组和班级中开展交流,进一步探讨智能系统软件的编写基础与技巧。

3. 评价

根据表4-1"认识智能系统的软件"项目学习探究活动内容,对项目范例学习过程和成果作品进行自评和互评。

项目选题

请以3~6人为一组,以智能系统软件为中心,从下列参考主题中选择一项进行调查探究,也可小组商讨,自定主题。

主题一:根据程序设计画流程图。

主题二:使控制板上的灯按照不同的规律闪烁。

自定主题:＿＿＿＿＿＿＿＿＿＿＿＿＿＿＿＿＿＿＿＿

项目规划

参照项目范例的样式,制订本小组的项目学习活动方案。请将小组的方案填写到表4-2中。

表4-2 项目学习活动方案

项目主题	
要解决的核心问题	
调查探究的智能系统软件	
智能系统软件可实现的功能	
对智能系统软件程序的设想	
需要学习的知识或技能	
开展项目学习的方法	
进度安排表	

（续表）

学习资源获取途径及获得指导的途径	
可能会遇到的困难	
预期成果	

试着画一下自己的项目规划思维导图吧！

方案交流

各小组将完成的项目学习活动方案在班级中进行展示交流，师生根据交流情况，跟随下列问题的引导，共同完善本组的项目方案。

我们方案的优点是＿＿＿＿＿＿＿＿＿＿＿＿＿＿＿＿＿＿＿＿＿＿

我们方案需要补充的地方有＿＿＿＿＿＿＿＿＿＿＿＿＿＿＿＿＿＿＿

＿＿＿＿＿＿＿＿＿＿＿＿＿＿＿＿＿＿＿＿＿＿＿＿＿＿＿＿＿＿＿

我认为还有更好的方案，我们可以（怎么做）＿＿＿＿＿＿＿＿＿＿

＿＿＿＿＿＿＿＿＿＿＿＿＿＿＿＿＿＿＿＿＿＿＿＿＿＿＿＿＿＿＿

＿＿＿＿＿＿＿＿＿＿＿＿＿＿＿＿＿＿＿＿＿＿＿＿＿＿＿＿＿＿＿

学习探究

❶ 智能系统

Arduino官方提供的开发环境是Arduino IDE（Integrated Development Environment，简称IDE），支持Windows、Mac OS、Linux等多个操作系统。

1. 搭建Arduino IDE开发环境

（1）根据计算机系统类型，到Arduino官方网站（https://www.arduino.cc/en/Main/Software）下载适合的版本并安装软件，如图4-4所示。

图4-4　Arduino官方网站软件下载页

（2）安装Arduino IDE的过程中，Windows会提示驱动程序数字签署问题，请按"下一步"予以通过安装。

2. 连接Arduino Uno控制板

（1）用材料包中的USB线连接计算机和Arduino Uno控制板。

（2）识别通信端口。请打开计算机系统的"设备管理器"查询关于Arduino Uno控制板的信息，如果存在，表示计算机系统已经识别控制板，记录下连接端口号（图4-5中为"COM6"）。现在，可以使用Arduino IDE编程环境编写程序了。

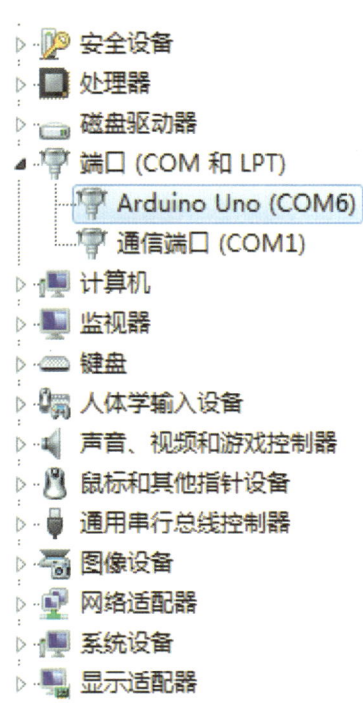

图4-5 在"设备管理器"查询Arduino Uno控制板的信息

3. 运行"Blink"示例程序

编写程序需要一定的编程语言知识，但如果我们是编程的初学者，则可以使用Arduino IDE附带的示例程序去体验Arduino。Arduino提供了很多示例代码，使用这些示例代码，可以很轻松地开始Arduino的学习之旅。

运行Arduino IDE开发环境，连接Arduino Uno控制板，运行"Blink"示例程序。掌握Arduino IDE的使用方法，了解Arduino程序的编写、验证、编译及上传

的过程，了解Arduino IDE的程序结构。按如下指引操作。

（1）打开"Blink"示例程序。

在Arduino IDE窗口选择"文件"→"示例"→"01.Basics"→"Blink"菜单项，打开要使用的示例程序，如图4-6所示。

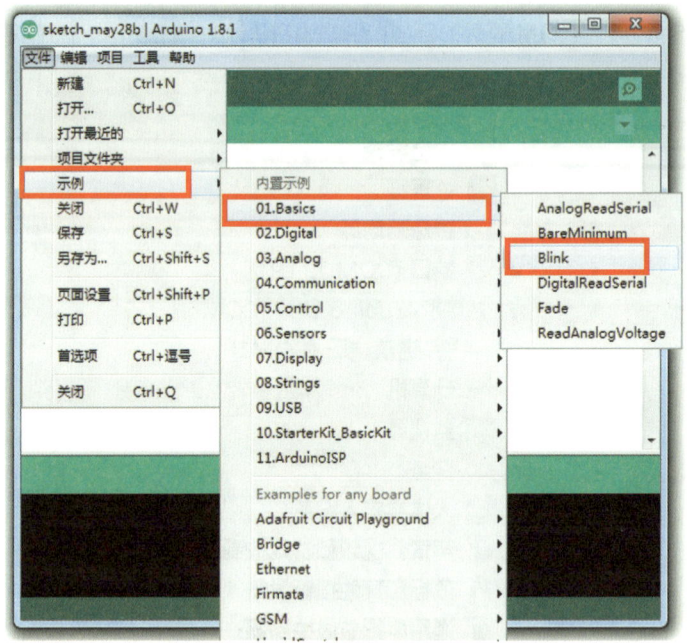

图4-6　打开"Blink"示例程序

（2）查看"Blink"程序代码。

在Arduino系列的控制板上，有些集成了一个可以控制的LED灯。Ardunio Uno控制板的LED灯默认连接13号管脚。

打开示例程序后可以看到以下代码：

```
void setup() {
// 初始化数字引脚"LED_BUILTIN"为输出状态
  pinMode(LED_BUILTIN, OUTPUT);
}

// 循环函数不断运行，一遍又一遍
void loop() {
  digitalWrite(LED_BUILTIN, HIGH);
// 打开LED灯（"HIGH"表示高电平）
  delay(1000);            // 等待1秒
```

digitalWrite(LED_BUILTIN, LOW);
// 关闭LED灯（"LOW"表示低电平）
 delay(1000);   // 等待1秒
}

（3）选择控制板（开发板）与端口类型。

在编译或上传该程序前，需要在"工具"→"开发板"菜单中选择正在使用的Arduino控制板型号，如图4-7所示。

图4-7　选择Arduino控制板的型号

接着在"工具"→"端口"菜单中选择Arduino控制板对应的串行端口，如图4-8所示。在Windows系统中，端口名称为"COM"加数字编号，如"COM6"。在选择端口前，需要查看"设备管理器"中所选"Arduino控制板"对应的端口号（每台电脑分配有所不同）。

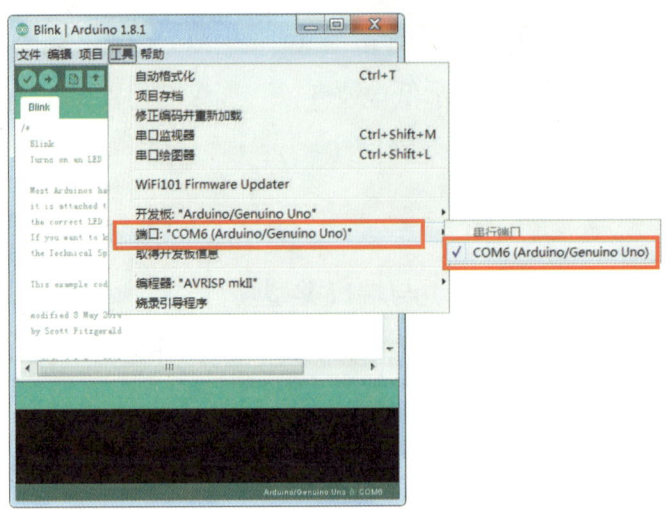

图4-8 选择Arduino控制板连接的端口

控制板和端口类型设置完成后，就可以在Arduino IDE的右下角查看当前设置的Arduino控制器型号及其对应的端口了。

（4）验证，编译及上传程序。

接着单击"验证" （Verify）工具按钮，Arduino IDE会自动检测程序是否正确，如果程序无误，则下方"信息提示区"会显示"正在编译项目"和"编译完成"。

当编译完成后，在"信息提示区"能看到相关的提示信息，如图4-9所示。

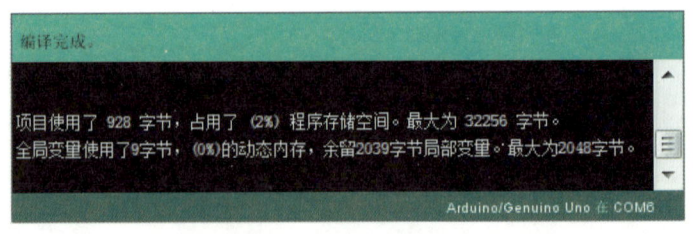

图4-9 程序编译提示

在图4-9中，"928字节"为当前所编译程序的大小，"最大为32256字节"表示当前控制板可使用的程序存储空间的大小。如果程序有误，则"信息提示区"会显示相关错误信息。

单击"上传" （Upload）工具按钮，会自动进行一次编译，"信息提示区"会显示"正在编译项目"，很快该提示会变成"上传..."，此时Arduino

控制板上标有"TX""RX"的两个LED灯会快速闪烁,这说明当前程序正在被写入Arduino控制板中。

当显示"上传成功"时,会看到如图4-10所示的提示。

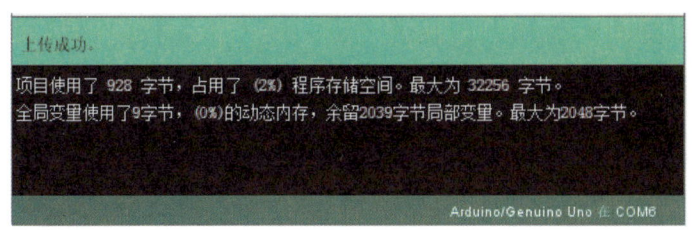

图4-10 "上传成功"提示

(5)观察"Blink"程序运行时候Arduino Uno控制板的变化。

此时就可以看到"Blink"程序的效果了——控制板上的LED灯正在按照设定的程序闪烁,如图4-11所示。

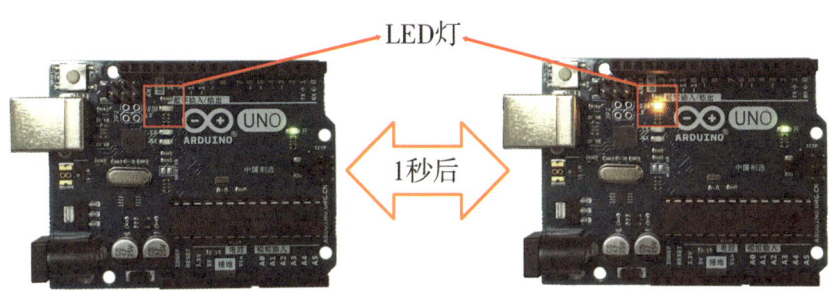

图4-11 LED灯工作

2 Arduino程序基础

Arduino使用C/C++语言编写程序。早期的Arduino核心库使用C语言编写,后来引进了面向对象的思想,目前最新的Arduino核心库使用C与C++混合语言编写而成。我们说的Arduino语言,是指Arduino核心库文件提供的各种应用程序编程接口(Application Programming Interface,简称API)的集合。我们在进行创客作品编程的时候,按我们的设计意图为项目设计算法后,采用比较基础的C语言,调用Arduino API提供的函数来操作硬件,便可完成程序编写。

65

下面将对本书进行Arduino项目所需要的程序设计基础知识进行简要介绍，如需深入学习C语言编程，可自行查阅C语言的编程资料。

联系"Blink"示例程序，了解Arduino语言的基础知识，在后面的课程学习中，大家可以翻阅本节知识，或进一步阅读关于编程语言的资料。

1. 流程图

在创客项目中编写程序，与一般的计算机编写程序流程一样，需要依照一定的步骤。在编写代码前要进行算法设计，其中一个重要方式是画流程图。

美国国家标准化协会（ANSI）规定了一些常用的流程图符号，如图4-12所示，它们目前被多领域普遍采用。

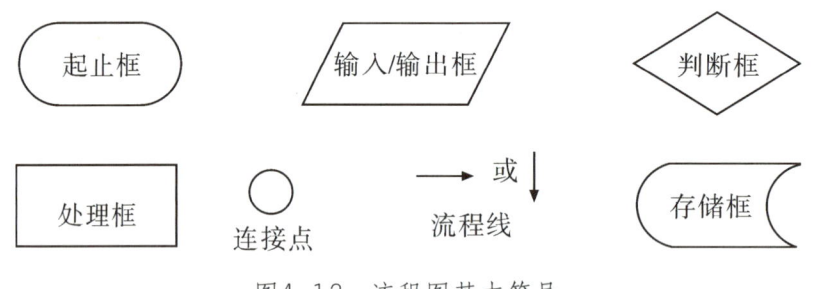

图4-12　流程图基本符号

"Blink"程序可以用如图4-13所示的流程图描述。

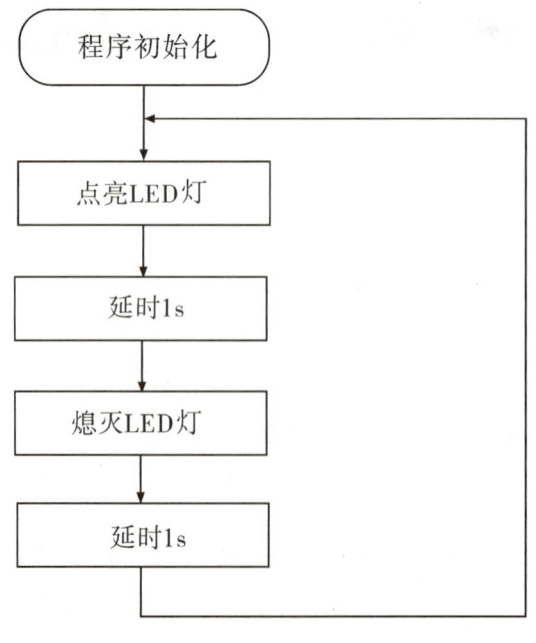

图4-13　"Blink"程序流程图

2. 流程图的三种基本结构

为了提高流程图及程序的逻辑性，使其更容易理解、更方便阅读，流程图要按照一定顺序和条件进行连接。一个良好算法的流程图一般由三种基本结构作为基本单元。三种基本结构概况如表4-3所示。

表4-3 程序基本结构

结构名称	结构图	说明
顺序结构		虚线框内是一个顺序结构。其中A和B两个框是顺序执行的。顺序结构是最简单的一种基本结构
选择结构		虚线框内是一个选择结构。此结构中包含一个判断框，根据条件是否成立而选择执行A还是B，执行完成后，经过b点脱离选择结构

（续表）

结构名称	结构图	说明
循环结构		虚线框内是一个循环结构。此结构中也有一个判断框用来决定是否跳出循环结构。循环结构有两种：判断框成立跳出循环的称为until型循环；判断框不成立跳出循环的称为while型循环

这三种基本结构可解决任何复杂的问题，由基本结构所构成的程序流程不存在无规律的转向，只在基本结构内才允许存在分支和跳转。

3．C语言使用的词汇

Arduino的开发使用的是C语言，在C语言中使用的词汇大致可分为6类：标识符、关键字、运算符、分隔符、常量和注释符。

◆ 标识符

标识符用来标识源程序中某个对象的名字，这些对象可以是语句、数据类型、函数、变量、常量等。一个标识符由字符串、数字和下划线等组成，第一个字符必须是字母或下划线，通常以下划线开头的标识符是编译系统专用的，因此在编写C语言源程序时一般不要使用以下划线开头的标识符，而将下划线用作分段符。

◆ 关键字

关键字是编程语言保留的特殊标识符，它们具有固定的名称和含义。ANSI C标准一共规定了32个关键字，如表4-4所示。

表4-4　ANSI C标准规定的32个关键字

关键字	用途	说明
auto	存储种类说明	用于说明局部变量，为默认值
break	程序语句	退出最内层循环体
case	程序语句	switch语句中的选择项
char	数据类型说明	字符型数据
const	存储种类说明	程序中不可更改的常量值
continue	程序语句	转向下一次循环
default	程序语句	switch语句中的失败选择项
do	程序语句	构成do-while循环结构
double	数据类型说明	双精度浮点数
else	程序语句	构成if-else选择结构
enum	数据类型说明	枚举
extern	存储种类说明	在其他程序模块中说明了的全局变量
float	数据类型说明	单精度浮点数
for	程序语句	构成for循环结构
goto	程序语句	构成goto转移结构
if	程序语句	构成if-else选择结构
int	数据类型说明	整型数
long	数据类型说明	长整型数
register	存储种类说明	使用CPU内部寄存器的变量
return	程序语句	函数返回
short	数据类型说明	短整型数
signed	数据类型说明	有符号数，二进制数据中最高位为符号位
sizeof	运算符	计算表达式或数据类型的字节数
static	存储种类说明	静态变量
struct	数据类型说明	结构类型数据
switch	程序语句	构成switch选择结构

（续表）

关键字	用途	说明
typedef	数据类型说明	重新进行数据类型定义
union	数据类型说明	联合类型数据
unsigned	数据类型说明	无符号数据
void	数据类型说明	无类型数据
volatile	数据类型说明	该变量在程序执行中可被隐含地改变
while	程序语句	构成while和do-while循环结构

◆ 运算符

C语言中含有相当丰富的运算符。运算符与变量、函数一起组成表达式，表示各种运算功能，在任意一个表达式的后面加一个分号";"就构成了一个表达式语句。表4-5中列出了C语言常用的运算符。

表4-5　C语言常用运算符

类型	运算符	说明
算术运算符	+	加或取正值运算符
	-	减或取负值运算符
	*	乘运算符
	/	除运算符
	%	模运算符
关系运算符	>	大于
	<	小于
	>=	大于或等于
	<=	小于或等于
	==	测试等于
	!=	测试不等于
逻辑运算符	||	逻辑或
	&&	逻辑与
	!	逻辑非

（续表）

类型	运算符	说明
赋值运算符	+=	加法赋值运算符
	-=	减法赋值运算符
	*=	乘法赋值运算符
	/=	除法赋值运算符
	%=	取模赋值运算符
	>>=	右移位赋值运算符
	<<=	左移位赋值运算符
	&=	逻辑与赋值运算符
	|=	逻辑或赋值运算符
	~=	逻辑非赋值运算符
	^=	逻辑异或赋值运算符
自增和自减运算符	++	自增运算符
	--	自减运算符
逗号运算符	,	将多个表达式连接起来，依次执行
条件运算符	?:	由三个运算对象构成条件表达式
位运算符	~	取反
	<<	左移
	>>	右移
	&	与
	^	异或
	|	或
求字节运算符	sizeof	求取数据类型、变量以及表达式的字节数的运算符

◆ 分隔符

C语言中采用的分隔符有逗号和空格两种。逗号主要用在类型说明和函数、参数表中，用于分隔各个变量。空格多用于语句各单词之间，作为间隔符。在关键字、标识符之间必须要有一个以上的空格符间隔。

◆ 常量

常量就是在程序运行过程中，其值不能改变的数据。有时候也可以用一些有意义的符号来代替常量的值，称为符号常量。符号常量在使用之前必须先定义，如"#define PI 3.1415926"，就是编程中使用符号"PI"代替数值"3.1415926"。

◆ 注释符

C语言的注释符包括以下两种：

以"/*"开头并以"*/"结尾的字符串。在"/*"与"*/"之间的内容即为注释。

"//"后面的字符串。

程序在编译时，不对注释作任何处理。注释可出现在程序的任何位置。编程时添加适当的注释对于程序员读懂该段程序非常有用。

4．控制语句

在程序的执行过程中，往往需要根据某些条件来决定执行哪些语句，这就需要选择型控制语句"if"和"switch"来实现选择结构程序；某些情况下还会不断地重复执行某些语句，这就需要循环型控制语句"for"和"while"来完成循环结构程序。

◆ "if"条件控制语句

表4-6　不同形式的"if"语句

语句类型	语法	功能描述

"if"语句基本形式1：简单分支结构	if（表达式）
	{
	　语句；
	}
		如果表达式的值为真，则执行其后的语句；否则，跳过该语句

（续表）

语句类型	语法	功能描述

"if"语句基本形式2：双分支结构	if（表达式）
	{
	  语句1;
	}
	else
	{
	  语句2;
	}
		如果表达式的值为真，则执行语句1；如果表达式的值为假，则执行语句2

"if"语句基本形式3：多分支结构	if（表达式1）
	{
	  语句1;
	}
	else if（表达式2）
	{
	  语句2;
	}
	else if（表达式3）
	{
	  语句3;
	}
	……
	else if（表达式n）
	{
	  语句n;
	}
	else
	{
	  语句m;
	}
		如果表达式1的结果为真，则执行语句1，然后退出"if"选择语句，不执行下面的语句；否则，判断表达式2，如果表达式2的结果为真，则执行语句2，然后退出"if"选择语句，不执行下面的语句；同样如果表达式2的结果为假，则判断表达式3；依次类推，最后，如果表达式n不成立，则执行else后面的语句m

◆ "switch"条件控制语句

表4-7 "switch"语句

语句类型	语法	功能描述

"switch"语句	switch（表达式）
	{
	case 常量表达式1:
	语句1
	break;
	case 常量表达式2:
	语句2
	break;
	case 常量表达式3:
	语句3
	break;
	……
	default:
	语句n
	break;
	}
		当处理比较复杂的问题时，可能会存在有很多选择分支的情况，如果还使用"if…else"的结构编写程序，则会使程序显得冗长，且可读性差。此时可选用"switch"语句。
		"switch"结构会将"switch"语句后的表达式与"case"后的常量表达式比较，如果相符就运行常量表达式所对应的语句；如果都不相符，则会运行"default"后的语句；如果不存在"default"部分，程序将直接退出"switch"结构，"switch"结构的算法流程如图4-11所示。
		在进入"case"判断，并执行完相应程序后，一般要使用"break"语句退出"switch"结构。如果没有使用"break"语句，则程序会一直执行到有"break"的位置或执行完该"switch"结构才退出

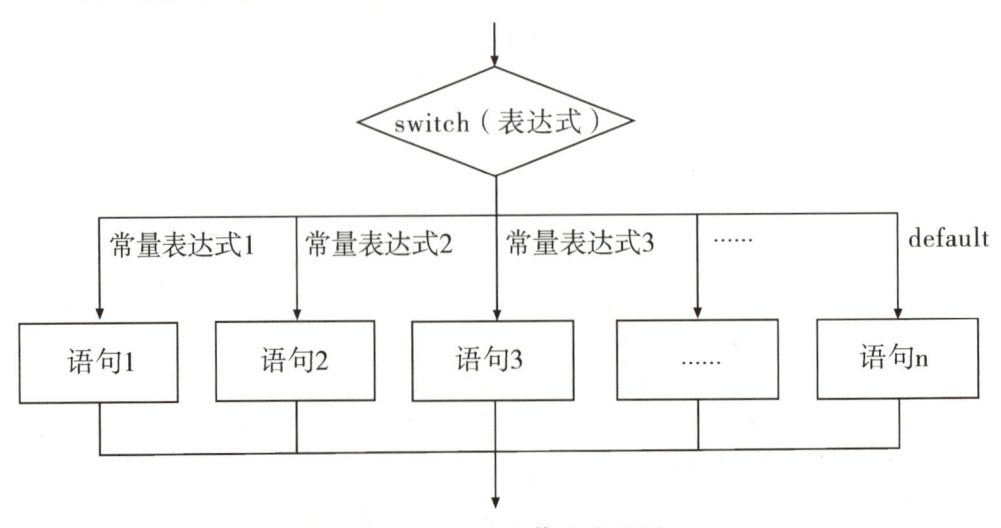

图4-14 switch算法流程图

◆ 循环语句

表4-8 循环语句

名称	语法	意义

"while"循环	while（表达式）
	{
	　语句;
	}
		"while"循环是一种"当"型循环。当满足一定条件后，才会执行循环体中的语句

"do…while"循环	do
	{
	　语句;
	}
	while（表达式）;
		"do…while"循环是一种"直到"型循环，它会一直循环到给定条件不成立时为止。它会先执行一次"do"语句后的循环体，再判断是否进行下一次循环

"for"循环	for（表达式1;表达式2;表达式3）
	{
	　语句;
	}
		在一般情况下，表达式1为"for"循环初始化语句，表达式2为判断语句，表达式3为增量语句。如语句
		for（i=0; i<5; i++）{
		}
		表示初始值i为0，当i小于5时运行循环体中的语句，每循环完一次，i自加1，因此这个循环会循环5次

5．程序结构

Arduino程序基本结构由"setup()"和"loop()"两个函数组成。

（1）"setup()"函数。

Arduino控制板通电或复位后，就会开始执行"setup()"函数中的程序，该部分只会执行一次。

通常我们会在"setup()"函数中完成Arduino的初始化设置，如配置输入/输出管脚状态，初始化端口等操作。

（2）"loop()"函数。

在"setup()"函数中的程序执行完后，Arduino会接着执行"loop()"函数中

的程序。而"loop()"函数是一个死循环,其中的程序会不断地重复执行。

通常我们会在"loop()"函数中完成程序的主要功能,如驱动各种模块,采集数据等。

"Blink"示例程序,代码是否都在"setup()"和"loop()"函数中,Arduino IDE的其他示例程序呢?

项目实施

请根据本组的项目选题及拟定的项目方案,结合本课所学知识,进一步完善该项目方案中的各项学习活动,完成本组选定项目的学习报告,并填写表4-9。

表4-9 项目实施日志

流程	事项	工作日志
1	小组分工	
2	搜集资料	
3	开展调研	
4	资料整理	
5	资料补充	
6	撰写报告	

成果交流

请将完成的项目学习成果在小组和班级中进行展示与交流，并在表4-10中对自己的成果作出评价。

表4-10　作品评价表

评价指标	指标说明	评价
合理性	活动方案严谨科学，技术上可行，学习方法、流程高效灵活，所开展的学习探究活动符合所选主题	□优秀 □良好 □中等 □仍需努力
创新性	能有创意地解决学习探究过程中遇到的问题。撰写的报告有独特的见解	□优秀 □良好 □中等 □仍需努力
技术水平	学习探究活动的规划与报告内容体现较高的知识水平	□优秀 □良好 □中等 □仍需努力
科学性	所撰写的报告资料充足，语言简练准确。能合理分析学习探究内容，并作出科学的总结	□优秀 □良好 □中等 □仍需努力
演示及回应	报告展示资料充足，简洁准确，语言流畅，组员间配合得宜。回答问题时，对问题理解准确，思路清晰，反应迅捷，逻辑严密	□优秀 □良好 □中等 □仍需努力

活动评价

请根据本组的项目选题、拟定的项目方案、实施情况和所形成的项目成果，参照本书"附录"和表4-11，对自己的学习活动进行评价和总结。

表4-11　项目学习活动自我总结表

项目主题					
姓名		学号		日期	
小组成员					
自我总结					
在该项目中我所完成的任务是＿＿＿＿＿＿＿＿＿＿＿＿＿＿＿＿＿＿＿＿＿＿＿＿＿＿＿＿					
该项目所涉及的学习领域有＿＿＿＿＿＿＿＿＿＿＿＿＿＿＿＿＿＿＿＿＿＿＿＿＿＿＿＿＿					
项目实施过程中我遇到的困难有＿＿＿＿＿＿＿＿＿＿＿＿＿＿＿＿＿＿＿＿＿＿＿＿＿＿					
我克服困难的方法是＿＿＿＿＿＿＿＿＿＿＿＿＿＿＿＿＿＿＿＿＿＿＿＿＿＿＿＿＿＿＿＿ ＿＿					
关于整体分工和合作情况，其他小组值得我们学习的是＿＿＿＿＿＿＿＿＿＿＿＿＿＿ ＿＿					
关于项目的选题、实施、成果和展示，其他小组值得我们借鉴的是＿＿＿＿＿＿＿＿ ＿＿					
通过该项目学习，我的收获是＿＿＿＿＿＿＿＿＿＿＿＿＿＿＿＿＿＿＿＿＿＿＿＿＿＿＿ ＿＿					
通过该项目学习，我知道自己的优势在于＿＿＿＿＿＿＿＿＿＿＿＿＿＿＿＿＿＿＿＿＿ ＿＿					
我还需要继续努力的方面有＿＿＿＿＿＿＿＿＿＿＿＿＿＿＿＿＿＿＿＿＿＿＿＿＿＿＿＿ ＿＿					
如果再做一次该项目，我会作出的调整是＿＿＿＿＿＿＿＿＿＿＿＿＿＿＿＿＿＿＿＿＿ ＿＿					

第5课　综合活动：智能家居

智能家居（如图5-1所示）以住宅为平台，利用综合布线、网络通信、安全防范、自动控制、音频视频等技术，集成与家居生活有关的设施设备，构建高效的住宅设施系统与家庭日常事务管理系统，提高住宅的安全性、便利性、舒适性与艺术性，营造环保节能的居住环境。

图5-1　智能家居

本节课通过"智能家居"项目，学会运用观察、比较、分析、综合、抽象、判断、推理等思维方法，进行自主、协作、探究学习，了解智能家居的概念和基本配备，基于家居生活中的实际需求，设计和组建智能家居系统，体验运用传感器与程序设计构建自感知、自配置、自修复、自管理的设备网络和管理系统，从而形成良好的学习和思维习惯，促进创新能力的养成，完成项目学习目标。

项目目标

通过学习"智能窗户的设计与制作"项目，根据家居生活中的各种实际问题，思考家居生活的需求，设计智能家居设备。学习运用传感器与身边的材料，制作智能家居设备模型，用Arduino IDE编写作品的智能控制程序。

项目范例

夏日炎炎，小智同学在图书馆自习。突然乌云密布，电闪雷鸣，下起了倾盆大雨。他看着窗外的狂风骤雨，心里感到一阵焦虑。他出门时忘了关好家里的窗户，屋里的物品很有可能会被雨水打湿。要是家里装的是智能窗户，能够识别屋外的天气状况，自动关（开）窗，那就好了。

如何设计一种智能窗户，使其能够识别屋外的天气状况，下雨时自动关窗，晴天时自动开窗？通过观察、分析和上网搜索资料，发现需要解决下列问题。

问题一：如何识别天空正在下雨？
问题二：如何自动关窗？

1. 主题

智能窗户的设计与制作。

2. 内容

通过开展"智能窗户的设计与制作"项目学习活动,认识舵机,了解舵机的使用方法;认识雨滴传感器,了解雨滴传感器的使用方法;能够设计相应的控制程序,掌握作品系统总成的方法。

3. 规划

根据本方案的主题及内容要求,利用思维导图等图形化表达工具,在小组内部开展"头脑风暴"活动,制订项目学习活动规划,如图5-2所示。

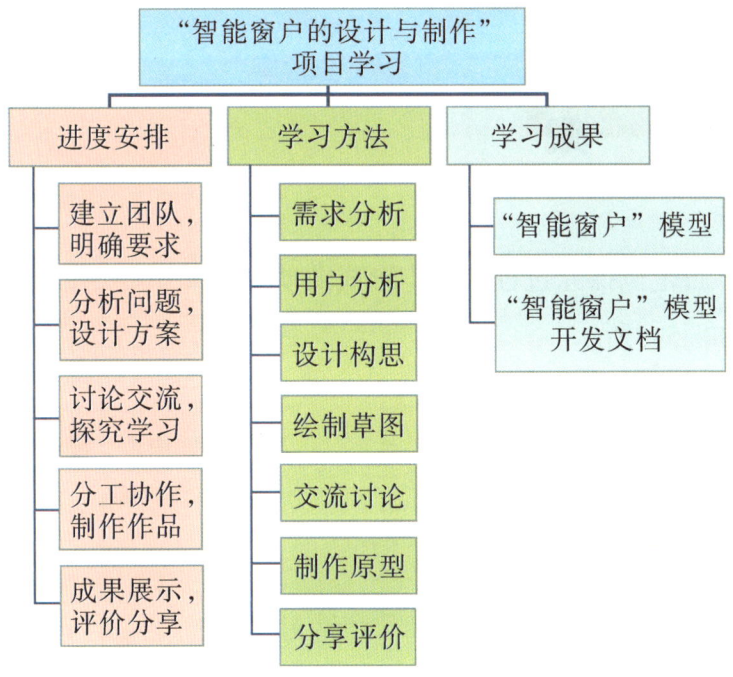

图5-2 "智能窗户的设计与制作"项目学习活动规划

4. 探究

根据问题的指引和项目学习规划的安排,"智能窗户的设计与制作"项目学习探究活动内容如表5-1所示。

表5-1 "智能窗户的设计与制作"项目学习探究活动内容

探究学习活动	探究学习内容	知识技能
舵机的外观、结构、原理和功能	查阅资料,观察、分析和操作	认识舵机,了解舵机的使用方法

（续表）

探究学习活动	探究学习内容	知识技能
雨滴传感器的外观、结构、原理和功能	查阅资料，观察、分析和操作	认识雨滴传感器，了解雨滴传感器的使用方法
"智能窗户"主控程序的设计	抽象、概括和推理	能够设计相应的控制程序
"智能窗户"系统总成的方法和步骤	操作，概括	掌握作品系统总成的方法

1. 展示

展示在项目范例探究过程中逐步形成的项目成果——"智能窗户"模型和开发文档，如图5-3所示。

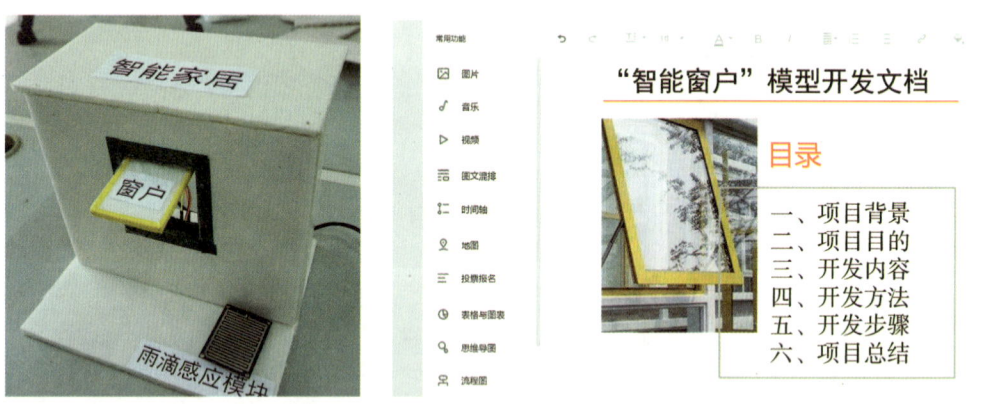

（a）"智能窗户"模型　　　　（b）"智能窗户"模型开发文档示例

图5-3　"智能窗户的设计与制作"项目学习成果

2. 交流

围绕"智能窗户"模型，分别在小组和班级中开展交流，进一步探讨智能设备在家居生活中的应用。

3. 评价

根据表5-1"智能窗户的设计与制作"项目学习探究活动内容，对项目范例学习过程和成果作品进行自评和互评。

项目选题

请以两人为一组，以家居生活的实际需求为中心，从下列参考主题中选择一项进行项目探究学习，也可小组商讨，自定主题。

主题一：智能房门。

主题二：智能音乐播放器。

自选主题：_____

项目规划

参照项目范例的样式，制订本小组的项目学习活动方案。请将小组的方案填写到表5-2中。

表5-2 项目学习活动方案

项目主题	
要解决的核心问题	
作品需要具备的功能（可以多选）	□感应人体　　□自动运作 □其他：_____
作品应用的领域	□生活　　　　□娱乐 □其他：_____
需要用到的核心设备	
需要学习的知识或技能	

（续表）

开展项目学习的方法	
进度安排表	
学习资源获取途径及获得指导的途径	
可能会遇到的困难	
预期成果	

试着画一下自己的项目规划思维导图吧！

方案交流

各小组将完成的项目学习活动方案在班级中进行展示交流，师生根据交流情况，跟随下列问题的引导，共同完善本组的项目方案。

我们方案的优点是_____

_____

我们方案需要补充的地方有_____

_____

我认为还有更好的方案，我们可以（怎么做）_____

_____

_____

探究活动

❶ 作品工作原理设计

智能窗户能够识别屋外的天气状况，下雨时自动关窗，晴天时自动开窗。设计智能窗户的关键在于如何识别正在下雨，如何自动关窗。

当我们需要解决问题的时候，常常会观察生活中的一些现象，运用类比思维，寻找同类问题解决的办法。例如汽车在雨天行驶时，车窗易被雨滴覆盖，遮挡驾驶员的视线。为此，汽车上配置了自动刮水系统，其中利用了雨滴传感器检测雨量，然后通过控制器处理传感器传入的信号，并转变为控制电机的信号，使雨刮器自动根据雨量调节运作间歇时间，确保行车的前方视野。

同理，智能窗户也可以采用雨滴传感器。如图5-4所示，下雨时，雨滴落到雨滴传感器上时,传感器把探测信号发给控制板,控制板处理探测信号后,给伺服电机发送转动信号,电机控制窗户关闭;当天气转晴时,雨滴传感器上的雨水蒸发,传感器把探测信号发给控制板,控制板处理探测信号后给伺服电机发送转动信号,电机控制窗户打开。

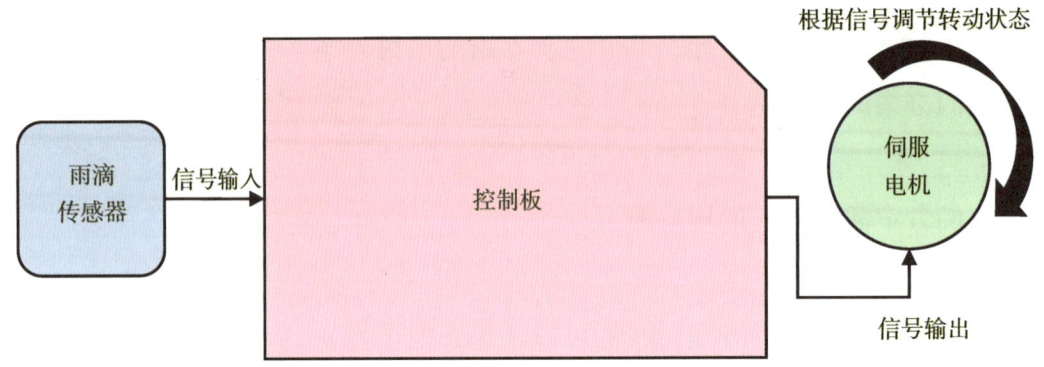

图5-4 智能窗户的设计思路

请观察日常生活中的一些现象,找出与智能窗户设计思路类似,能根据环境转变工作状态的装置,并填写表5-3。

表5-3 日常生活中的环境感知装置

编号	装置	工作原理
1		
2		
3		
4		

2 硬件与电子元件的选择

制作智能窗户需要准备一些硬件和材料,按照❶中提出的智能窗户设计思路,制作智能窗户所需主要硬件及材料如表5-4所示。

表5-4 制作智能窗户硬件及材料清单

编号	名称	数量	功能
1	Arduino Uno 控制板	1块	控制设备
2	雨滴传感器	1块	探测雨量
3	舵机	1个	控制窗户开（关）
4	杜邦线	若干	连接硬件
5	方口USB数据线	1条	传输数据
6	"9 V 1 A"电源适配器	1个	供电
7	白色PVC板	若干	制作外形
8	黏合剂、胶布	若干	制作外形

1. 雨滴传感器

雨滴传感器又叫雨滴感应模块（如图5-5所示），通常用于识别是否下雨及检测雨量的大小。雨滴传感器根据探测物理量的不同，分为三类：根据雨滴冲击能量的变化进行检测；利用静电电容量的变化进行检测；利用光照强度的变化进行检测。

本作品使用了根据雨滴冲击能量的变化进行检测的压电式雨滴传感器。它利用压电振子的压电效应，将机械位移（振动）信息转变为电信号，根据雨

图5-5 雨滴传感器

滴冲击的能量变化调节输出电压波形，实现对雨滴的感应。根据电压波形的变化，可以得到雨量的大小从而更为准确地控制舵机的运作。

压电式雨滴传感器主要由阻尼橡胶、压电元件、不锈钢振动板、混合集成电路等一系列电子元件构成。

当雨滴传感器接上5 V电源时，电源指示灯会亮。感应板上没有水滴时，"DO"管脚输出高电平，开关指示灯熄灭。在感应板上滴上一滴水，"DO"管脚输出低电平，开关指示灯亮。擦干上面的水滴，"DO"管脚又恢复到初始状态，输出高电平。"AO"管脚为模拟管脚，可以连接控制板的模拟输入管脚，检测滴在雨滴感应板上面的雨量大小。

2. 舵机

舵机（如图5-6所示）是伺服电机的一种，即一种位置（角度）伺服的驱动器，适用于需要精确控制转动角度与转动速度的系统。

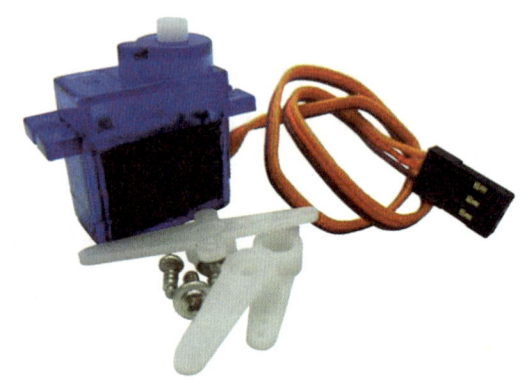

图5-6　舵机

伺服电机可以把电信号转化为电机的角位移与角速度。伺服电机运作时，主要通过脉冲信号控制其旋转状态，每接收一个脉冲，就旋转一个脉冲对应的角度；同时，伺服电机也可以发出脉冲信号，每旋转一定角度，都会返回对应数量的脉冲信号。此时，接收的脉冲信号与返回的脉冲信号相呼应（或者叫形成闭环），控制系统就会知道发送了多少脉冲给伺服电机，同时又返回了多少脉冲，从而精确地控制电机的旋转状态。

因此，在自动控制系统中，伺服电机由于其反应快速、便于控制、位移精确等特点而被广泛使用。

请观察日常生活中的一些现象，找出雨滴传感器和舵机在不同设备中的应用实例，并填在表5-5中。

表5-5　电子模块的应用实例

序号	雨滴传感器	舵机
1		
2		
3		
4		

❸ 动手做项目：连接组件

在做好硬件准备之后，便可进入连接组件环节。组件连接如图5-7所示，步骤和方法如下：

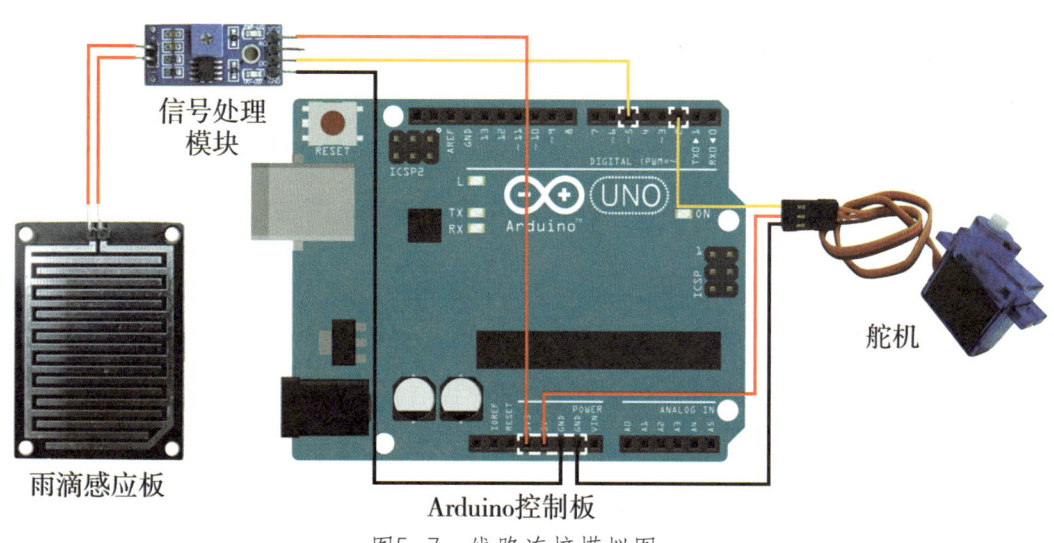

图5-7　线路连接模拟图

1. 雨滴传感器的组装

连接雨滴感应板和信号处理模块，不需要分正、负极。

2. 传感器与控制板的连接

把雨滴传感器的信号处理模块、舵机与控制板连接，如表5-6所示。其中，"D"表示数字管脚，"SIG"为信号端，"VCC"为正极，"GND"为负极。

表5-6 传感器与控制板的连接

传感器类型	传感器管脚	控制板管脚	传感器类型	传感器管脚	控制板管脚
雨滴传感器信号处理模块	DO	D5 SIG	舵机	橙色线	D2 SIG
	VCC	3.3 V		红色线	5 V
	GND	GND		棕色线	GND
	AO	根据实际需要，也可连接模拟管脚	/	/	/

④ 动手做项目：编写程序

根据①中描述的设计思路，结合雨滴传感器和舵机的工作原理，设计智能窗户主控程序。

本程序使用了递推法，流程如下：

1. 必要库

添加舵机所需库"Servo"。

2. 定义管脚

定义舵机的信号管脚号为2，雨滴传感器信号管脚号为5。

3. 创建对象

创建舵机对象"s"。

4. 新建变量

设窗户开关状态为"state",当"state"的值为0时,表示关窗;当"state"的值为1时,表示开窗。

5. 初始化

在初始化函数"void setup()"中,设置舵机对象"s"的信号管脚,以及把雨滴传感器设置为输入模式。

6. 主程序

在循环函数"void loop()"中输入主程序。

设舵机旋转的角度为"pos",初始值为0。

如果"digitalRead(RAIN_PIN)"返回高电平信号,表示雨滴传感器上没有雨滴,而且窗户是关闭状态(state = 0)的情况下,需要控制舵机进行开窗操作。舵机初始角度为90度(pos=90),每隔15毫秒递增旋转1度,并通过舵机对象"s"的内置方法"write(pos)"设置旋转的角度,直到舵机角度为170度(pos=170)。

如果"digitalRead(RAIN_PIN)"返回低电平信号,表示雨滴传感器上有雨滴,而且窗户是开窗状态(state = 1)的情况下,需要控制舵机进行关窗操作。舵机初始角度为170度(pos=170),每隔15毫秒递减旋转1度,并通过舵机对象"s"的内置方法"write(pos)"设置旋转的角度,直到舵机角度为90度(pos=90)。

智能窗户程序设计流程如图5-8所示。

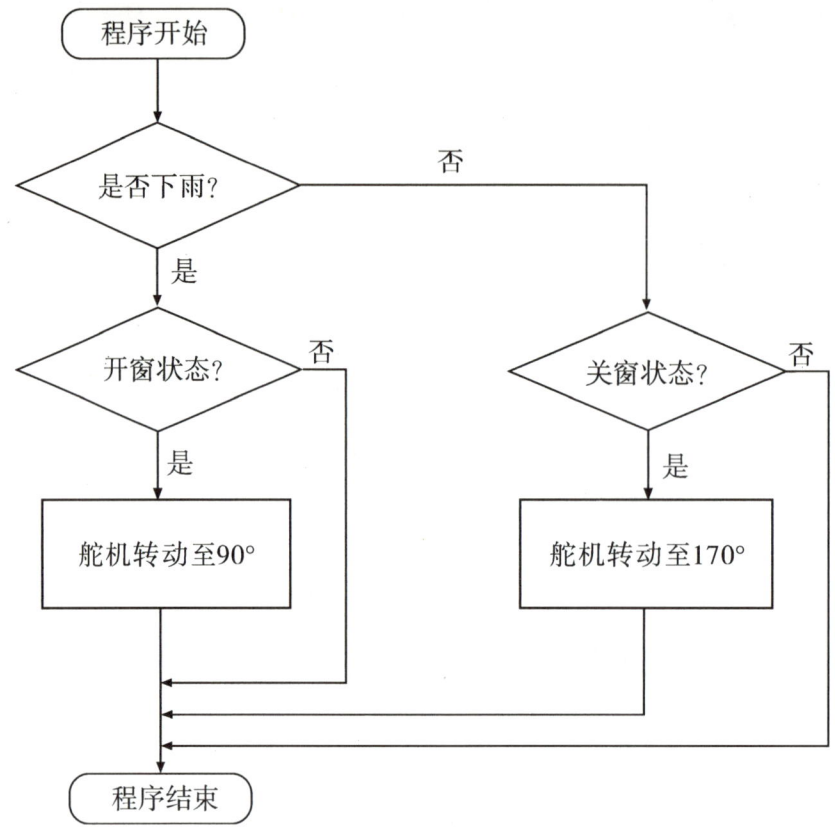

图5-8 智能窗户程序设计流程图

程　　序

```
#include <Servo.h>　//舵机所需库
#define SERVO_PIN 2　//定义舵机连接管脚
#define RAIN_PIN 5　//定义雨滴传感器连接管脚
Servo s;　//创建舵机对象
int state = 0;　//"0"表示关窗，"1"表示开窗

void setup() {
  s.attach(SERVO_PIN);　//舵机由Arduino SERVO_PIN控制
  pinMode(RAIN_PIN, INPUT);　//设置雨滴传感器为输入模式
}
```

```
void loop() {
    int pos;
    if (digitalRead(RAIN_PIN) && state == 0) {
        for (pos = 90; pos < 170; pos += 1) {
        //舵机角度从90度转动到170度，每次步进一度
            s.write(pos);         // 指定舵机转动角度
            state = 1;
            delay(15);            // 等待15ms，让舵机转到指定角度
        }
    }
    if (!digitalRead(RAIN_PIN) && state == 1) {
        for (pos = 170; pos > 90; pos -= 1) {
        //舵机角度从170度转动到90度，每次步进一度
            state = 0;
            s.write(pos);         // 指定舵机转动角度
            delay(15);            // 等待15ms，让舵机转到指定角度
        }
    }
}
```

5 测试与分析

当检测到有水滴在雨滴感应板上时，舵机带动窗户关上。擦去水滴，窗户重新打开，如图5-9所示。

（a）有水滴时　　　　　　　　（b）无水滴时

图5-9　"智能窗户"模型测试

项目实施

请根据本组的项目选题及拟定的项目方案，结合本课所学知识，进一步完善该项目方案中的各项学习活动，制作本组选定项目的作品，并填写表5-7。

表5-7　项目实施日志

流程	事项	工作日志
1	准备材料	
2	连接组件	

（续表）

流程	事项	工作日志
3	编写程序	
4	测试优化	
5	美化外观	
6	撰写报告	

成果交流

请将完成的项目学习成果在小组和班级中进行展示与交流，并在表5-8中对自己的成果作出评价。

表5-8 作品评价表

评价指标	指标说明	评价
创新性	能有创意地解决所面对的问题，这个问题目前市面上未有妥善的解决方案，或对目前已有的解决方案进行了显著的改善和创新	□优秀 □良好 □中等 □仍需努力
实用性	方案严谨合理，技术上可行，符合成本效益，制作方法、流程高效灵活，所实现的功能契合所选主题的需求	□优秀 □良好 □中等 □仍需努力

（续表）

评价指标	指标说明	评价
技术水平	规划的方案具有与课题相关较高的知识水平。在方案实现的过程中，具备较高的软硬件知识水平，对已有的工艺或技术进行了改进，实现技术创新	☐优秀 ☐良好 ☐中等 ☐仍需努力
艺术性	对作品的外形和色彩搭配，有适当的审美考虑。材料及设计符合安全要求，作品易于被用户控制及使用	☐优秀 ☐良好 ☐中等 ☐仍需努力
演示及回应	作品展示资料充足，简洁准确，语言流畅，组员间配合得宜。回答问题时，对问题理解准确，思路清晰，反应迅捷，逻辑严密	☐优秀 ☐良好 ☐中等 ☐仍需努力

活动评价

请根据本组的项目选题、拟定的项目方案、实施情况及所形成的项目成果，参照本书"附录"和表5-9，对项目学习活动进行评价和总结。

表5-9 项目学习自我总结表

项目主题	
姓名	学号　　　　　日期
小组成员	
自我总结	

在该项目中我所完成的任务是_____

该项目所涉及的学习领域有_____

项目实施过程中我遇到的困难有_____

我克服困难的方法是_____

_____

关于整体分工和合作情况,其他小组值得我们学习的是_____

_____

关于项目的选题、实施、成果和展示,其他小组值得我们借鉴的是_____

_____

通过该项目学习,我的收获是_____

_____

通过该项目学习,我知道自己的优势在于_____

_____

我还需要继续努力的方面有_____

_____

如果再做一次该项目,我会作出的调整是_____

_____

 第6课　综合活动：智能小车

自汽车诞生之日起，人类在享受驾驶带来的乐趣的同时，也在不断地思考如何解放手脚：不需要使用方向盘、刹车和油门踏板，只需要设定目的地，按下启动按钮，就可以坐着车，听着音乐，唱着歌到达目的地。在这过程中，汽车自动规划好路线，自动识别障碍，保障乘车人的安全，如图6-1所示。这里所描绘的是对无人驾驶的美好愿景。如今，人们普遍认为只能存在于科幻电影里的情景正在逐渐成为现实。无人驾驶汽车的突破性发展又会给智能交通带来什么样的"启示"呢？距离交通智能化的实现还有多远？

本节课通过"智能小车"项目，学会运用观察、比较、分析、综合、抽象、判断、推理等思维方法，进行自

图6-1　无人驾驶汽车

主、协作、探究学习，了解智能小车的概念、基本配备和运作原理，基于交通出行的实际需求，设计和组建智能小车系统，体验运用传感器与程序设计构建自感知、自配置、自修复、自管理的设备网络和管理系统，从而形成良好的学习和思维习惯，促进创新能力的养成，完成项目学习目标。

项目目标

通过学习"智能小车的设计与制作"项目，根据交通出行的各种实际问题，思考现时智能汽车的发展前景，运用不同传感器与Arduino I/O扩展板设计并制作智能小车。

项目范例

每逢节假日，马路上车水马龙。小智同学在假期打算和父母开车出外游玩，但是恰逢塞车，汽车走走停停，让人烦心。如果汽车能自动驾驶，根据交通状况躲避拥堵，自动到达目的地，而乘客在车上可以听听音乐，看看风景，那该多好。

无人驾驶汽车驾驶在路上会遇到哪些问题呢？通过观察、分析和上网搜索资料，发现要实现无人驾驶需要解决下列问题。

问题一：汽车应如何识别障碍？

问题二：汽车应如何躲避前方的障碍？

问题三：汽车应如何躲避左右两边的障碍？

1. 主题

智能小车的设计与制作。

2. 内容

通过开展"智能小车的设计与制作"项目学习活动，了解超声波传感器、红外避障传感器、电机驱动模块和Arduino I/O扩展板的使用方法；能够设计相应的控制程序，掌握作品系统总成的方法。

3. 规划

根据本方案的主题及内容要求，利用思维导图等图形化表达工具，在小组内部开展"头脑风暴"活动，制订项目学习规划，如图6-2所示。

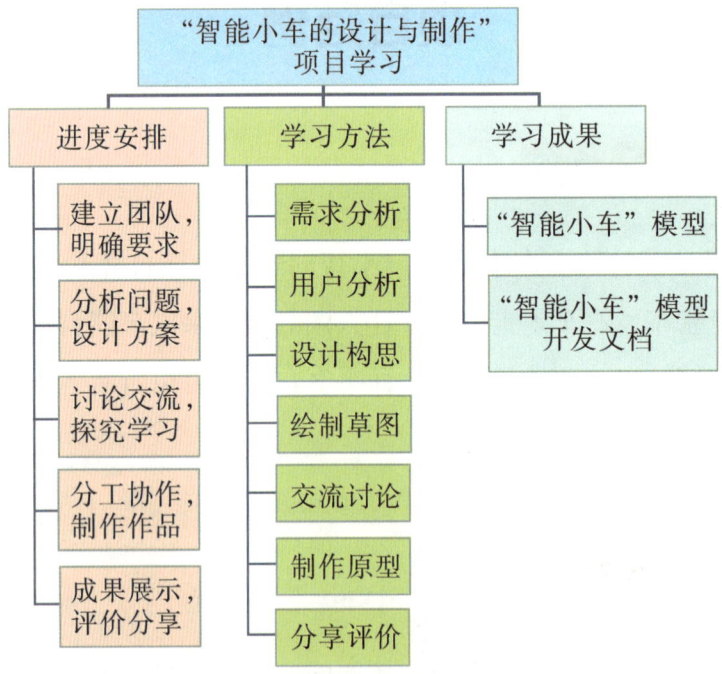

图6-2 "智能小车的设计与制作"项目学习活动规划

4. 探究

根据问题的指引和项目学习规划的安排，"智能小车的设计与制作"项目学习探究活动内容如表6-1所示。

表6-1 "智能小车的设计与制作"项目学习探究活动内容

探究学习内容	探究学习活动	知识技能
超声波传感器的外观、结构、原理和功能	查阅资料,观察、分析和操作	了解超声波传感器的使用方法
红外避障传感器的外观、结构、原理和功能	查阅资料,观察、分析和操作	了解红外避障传感器的使用方法
电机驱动板的外观、结构、原理和功能	查阅资料,观察、分析和操作	了解电机驱动板的使用方法
Arduino I/O 扩展板的外观、结构、原理和功能	查阅资料,观察、分析和操作	熟悉Arduino I/O 扩展板的使用方法
"智能小车"主控程序设计	抽象、概括和推理	能够设计相应的控制程序
"智能小车"系统总成的方法和步骤	操作,概括	掌握作品系统总成的方法

1. 展示

展示在项目范例探究过程中逐步形成的项目成果——"智能小车"模型和开发文档,如图6-3所示。

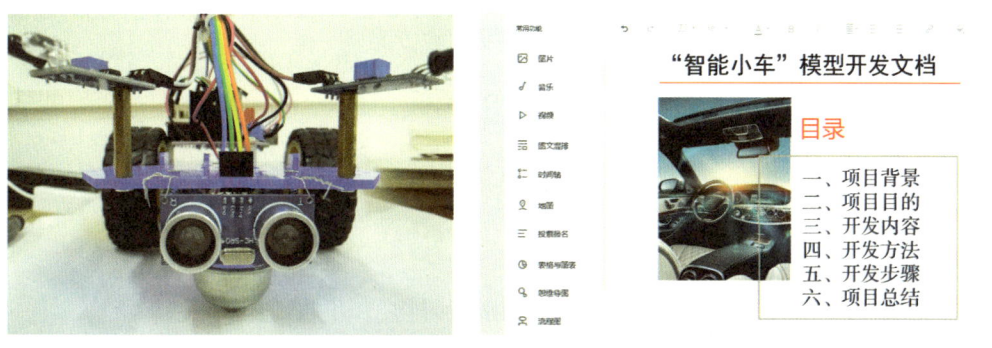

(a)"智能小车"模型　　　　(b)"智能小车"模型开发文档示例

图6-3 "智能小车"的设计与制作项目成果

2. 交流

围绕"智能小车"模型,分别在小组和班级中开展交流,进一步探讨智能汽车的社会应用与发展前景。

3. 评价

根据表6-1"智能小车的设计与制作"项目学习探究活动内容,对项目范例学习过程和成果作品进行自评和互评。

项目选题

请以两人为一组,以智能小车的设计为中心,从下列参考主题中选择一项进行项目探究学习,也可小组商讨,自定主题。

主题一:能巡线的小车。

主题二:能测绘几何图案的小车。

自定主题:＿＿＿＿＿＿＿＿＿＿＿＿＿＿＿＿＿＿＿＿＿＿

项目规划

参照项目范例的样式,制订本小组的项目学习活动方案。请将小组的方案填写到表6-2中。

表6-2 项目学习活动方案

项目主题	
要解决的核心问题	
作品具备的功能(可以多选)	□识别障碍物　　□躲避障碍物 □其他:＿＿＿＿＿＿＿＿＿
作品应用的领域	□运载　　□测量 □其他:＿＿＿＿＿＿＿＿＿

（续表）

需要用到的核心设备	
需要学习的知识或技能	
开展项目学习的方法	
进度安排表	
学习资源获取途径及获得指导的途径	
可能会遇到的困难	
预期成果	

试着画一下自己的项目规划思维导图吧！

方案交流

各小组将完成的项目学习活动方案在班级中进行展示交流,师生根据交流情况,跟随下列问题的引导,共同完善本组的项目方案。

我们方案的优点是＿＿＿＿＿＿＿＿＿＿＿＿＿＿＿＿＿＿＿＿＿＿＿

＿＿＿＿＿＿＿＿＿＿＿＿＿＿＿＿＿＿＿＿＿＿＿＿＿＿＿＿＿＿＿＿

我们方案需要补充的地方有＿＿＿＿＿＿＿＿＿＿＿＿＿＿＿＿＿＿＿

＿＿＿＿＿＿＿＿＿＿＿＿＿＿＿＿＿＿＿＿＿＿＿＿＿＿＿＿＿＿＿＿

我认为还有更好的方案,我们可以(怎么做)＿＿＿＿＿＿＿＿＿＿＿

＿＿＿＿＿＿＿＿＿＿＿＿＿＿＿＿＿＿＿＿＿＿＿＿＿＿＿＿＿＿＿＿

＿＿＿＿＿＿＿＿＿＿＿＿＿＿＿＿＿＿＿＿＿＿＿＿＿＿＿＿＿＿＿＿

探究活动

❶ 作品工作原理设计

功能一:遇障停车

在智能小车车头位置安装超声波传感器,如图6-4所示。当前方遇到障碍物时,智能小车左右电机同时停止转动,达到停车的功能。当障碍物被移除或其距离为安全距离时,小车电机重新启动,从而达到安全行驶的目的。

功能二:左躲右闪

在智能小车左右两边安装红外避障传感器,如图6-5所示。当小车左边有障碍物时,智能小车向右转,避开障碍物;当小车右边有障碍物时,智能小车向左转,避开障碍物。

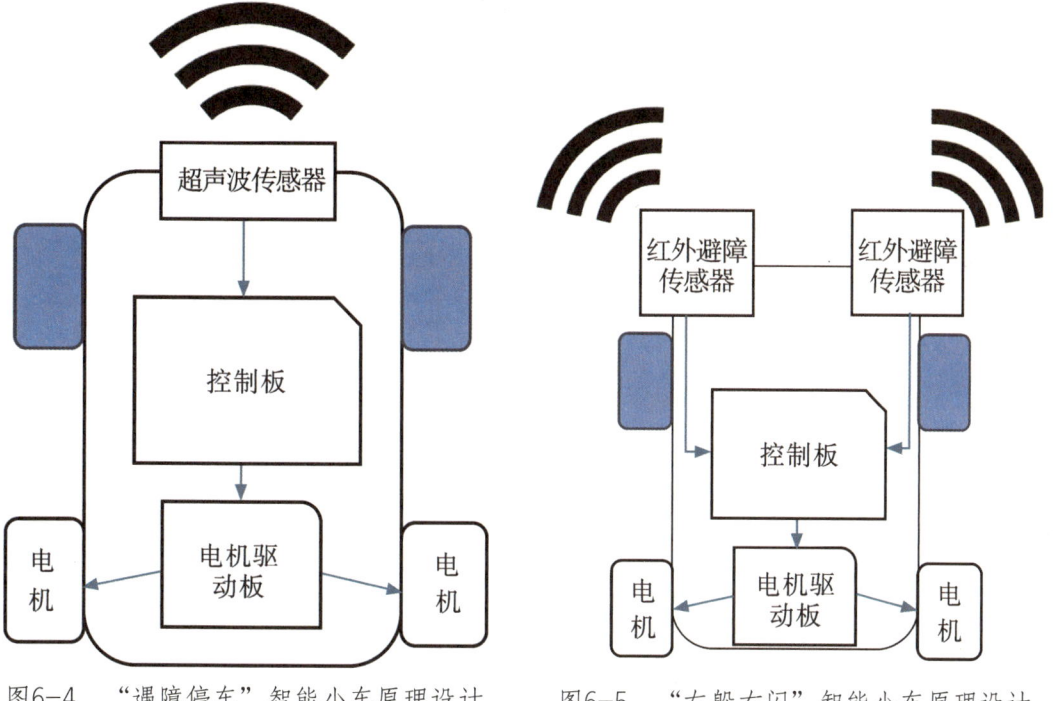

图6-4 "遇障停车"智能小车原理设计　　图6-5 "左躲右闪"智能小车原理设计

请观察日常生活中的一些现象，找出与智能小车设计思路类似，能识别障碍物的设备或装置，并填写表6-3。

表6-3　日常生活中的自动障碍识别装置

编号	装置	工作原理
1		
2		
3		
4		

2 硬件与电子元件的选择

制作智能小车需要准备一些硬件和材料，按照❶中提出的智能小车设计思路，制作智能小车需要准备的主要硬件和材料如表6-4所示。

105

表6-4 智能小车制作硬件及材料清单

编号	名称	数量	功能
1	Arduino Uno控制板	1块	控制设备
2	Arduino I/O扩展板	1块	扩展管脚数
3	超声波传感器	1个	探测前方障碍
4	红外避障传感器	2个	探测两侧障碍
5	直流减速电机	2个	驱动小车
6	车轮	2个	与直流减速电机匹配
7	电机驱动板	1块	驱动电机
8	万向轮	1个	用作小车前轮
9	杜邦线	若干	连接硬件
10	方口USB数据线	1条	传输数据
11	"9 V 1 A"电池盒	1个	供电
12	亚克力车底盘	1块	或使用PVC板制作
13	白色PVC板	若干	制作外形
14	黏合剂或胶布	若干	制作外形
15	尼龙扎带	若干	整理线路

图6-6 直流减速电机与车轮

图6-7 电机驱动板

1. 超声波传感器

超声波传感器（如图6-8所示）通常含有两个超声波元件，一个用于发射超声波,另一个用于接收超声波。工作时,超声波发射器向某一方向发射超声波,在发射的同时开始计时,超声波在空气中传播,途中碰到障碍物就反射回来,超声波接收器收到反射波就马上停止计时。声波在空气中的传播速度约为340 m/s,根据计时器记

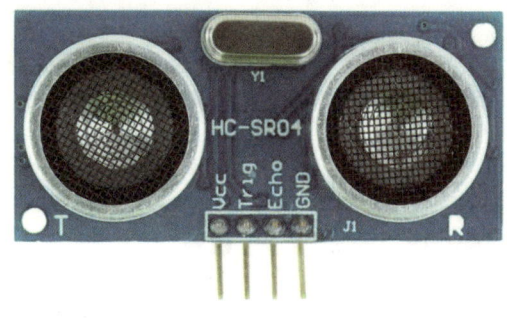

图6-8　超声波传感器

录的时间,就可以计算出距离障碍物的距离,即距离=340 m/s $\times \dfrac{\text{传播时间}}{2}$。

2. 红外避障传感器

红外避障传感器(如图6-9所示)通常有两个探头,透明的为发射端,黑色的为接收端。发射端向某个方向发出红外光线,途中碰到障碍物就反射回来,接收端接收返回的红外光线,电平产生变化,通过输出管脚发送探测信号。有障碍物时输出低电平,无障碍物时输出高电平。

图6-9　红外避障传感器

请观察日常生活中的一些现象,找出直流减速电机、超声波传感器、红外避障传感器的应用实例,并填写表6-5。

表6-5　电子模块应用实例

编号	直流减速电机	超声波传感器	红外避障传感器
1			
2			
3			
4			

3 动手做项目：连接组件

在做好硬件准备之后，便可进入连接组件环节。组件连接如图6-10所示，步骤和方法如下：

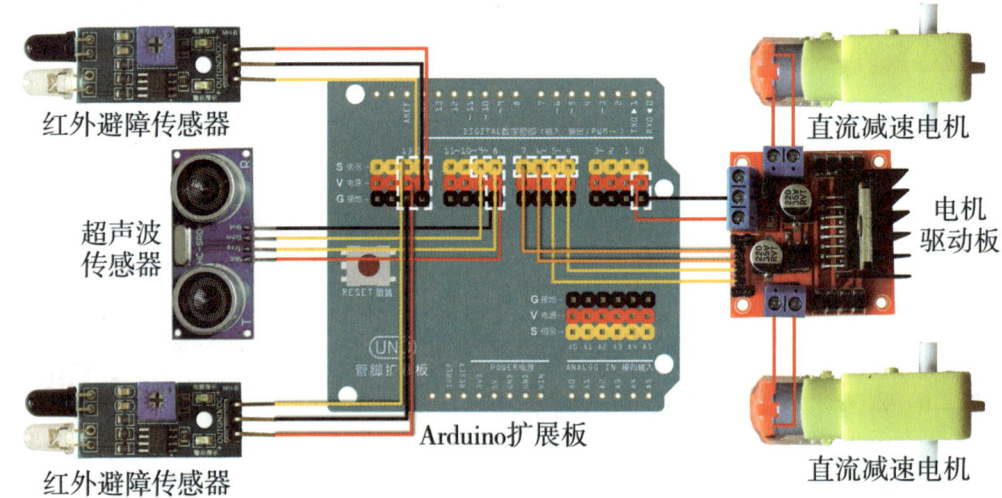

图6-10　硬件连接模拟图

1. 扩展板与控制板的连接

按照管脚和方向把扩展板安装到控制板上。

2. 电机驱动板、传感器与扩展板的连接

把电机驱动板、红外避障传感器、超声波传感器与扩展板连接，如表6-6所示。其中，"D"表示数字管脚，"SIG"为信号端，"VCC"为正极，"GND"为负极。

表6-6 电机驱动板、传感器与扩展板的连接

电子元件类型	传感器管脚	扩展板管脚	电子元件类型	传感器管脚	扩展板管脚
电机驱动板	+5 V	D0 VCC	红外避障传感器（右）	OUT	D12 SIG
	GND	D0 GND		VCC	D12 VCC
	IN1	D7 SIG		GND	D12 GND
	IN2	D6 SIG	超声波传感器	Trig	D8 SIG
	IN3	D4 SIG		Echo	D9 SIG
	IN4	D5 SIG		VCC	D8 VCC
红外避障传感器（左）	OUT	D13 SIG		GND	D8 GND
	VCC	D13 VCC	/	/	/
	GND	D13 GND	/	/	/

3. 直流减速电机与电机驱动板的连接

左边直流减速电机的两线分别接电机驱动板的"OUT1"管脚和"OUT2"管脚，右边直流减速电机的两线分别接电机驱动板的"OUT3"管脚和"OUT4"管脚。（直流减速电机的导线不分正、负极，在程序测试时，调整电机转动方向，保证小车往前走即可。）

利用亚克力车底盘、白色PVC板、万向轮与画笔等材料搭建小车模型。把传感器与控制板组合进模型里，组建成智能小车，如图6-11所示。

（a）正面

（b）底面

（c）顶面

图6-11 智能小车模型

4 动手做项目：编写程序

根据❶中描述的设计思路，设计智能小车主控程序。

1．必要库

添加超声波传感器所需库"SR04"。

2．定义管脚

定义电机驱动板管脚：左电机1号管脚名字为"ML1_PIN"，管脚号为6；2号管脚名字为"ML2_PIN"，管脚号为7。右电机1号管脚名字为"MR1_PIN"，管脚号为4；2号管脚名字为"MR2_PIN"，管脚号为5。

定义红外避障传感器管脚：左边红外避障传感器信号管脚名字为"LL_PIN"，管脚号为13；右边红外避障传感器信号管脚名字为"RL_PIN"，管脚号为12。

定义超声波传感器管脚："Trig"（控制管脚）管脚名字为"TRIG_PIN"，管脚号为8；"Echo"（接收管脚）管脚名字为"ECHO_PIN"，管脚号为9。

定义超声波避障传感器限制距离"LIMIT"为10 cm。

3．创建对象

创建超声波传感器探测对象"sr04"。

4．初始化

在初始化函数"void setup()"中，利用"pinMode()"设置各个模块的连接模式。

设置电机驱动板对应的4个管脚"ML1_PIN""ML2_PIN""MR1_PIN""MR2_PIN"为输出模式。

设置红外避障模块的信号管脚"RL_PIN"和"LL_PIN"为输入模式。

5．自定义函数

前进：编写前进函数"void go()"，左、右电机的1号驱动管脚"ML1_PIN""MR1_PIN"输出高电平（1），2号驱动管脚"ML2_PIN""MR2_PIN"输出低电平（0），（根据接线情况，改变管脚的输出电平）使左、右电机能带动轮子向前方滚动。

停止：编写停止函数"void stopCar()"，所有电机驱动管脚均输出低电平（0），左、右电机均静止不动。

左转：编写左转函数"void leftTurn()"，右电机的1号驱动管脚"MR1_PIN"输出高电平（1），其他驱动管脚均输出低电平（0），使左电机静止不动，右电机带动轮子向前方转动，小车左转。

右转：编写右转函数"void rightTurn()"，左电机的1号驱动管脚"ML1_PIN"输出高电平（1），其他驱动管脚均输出低电平（0），使右电机静止不动，左电机带动轮子向前方转动，小车右转。

6．主程序

在循环函数"void loop()"中编写主程序。

超声波感应对象"sr04"利用内置函数"Distance()"检测超声波传感器与前方障碍物之间的距离，若距离小于限制距离"LIMIT"，程序调用停车函数"stopCar()"。

若左边红外避障传感器检测到障碍物,则向控制板输入低电平(0),程序调用右转函数"rightTurn()"。

若右边红外避障传感器检测到障碍物,则向控制板输入低电平(0),程序调用左转函数"leftTurn()"。

若非上述情况,程序调用前进函数"go()",小车前进。

流程图

智能小车程序设计流程如图6-12所示。

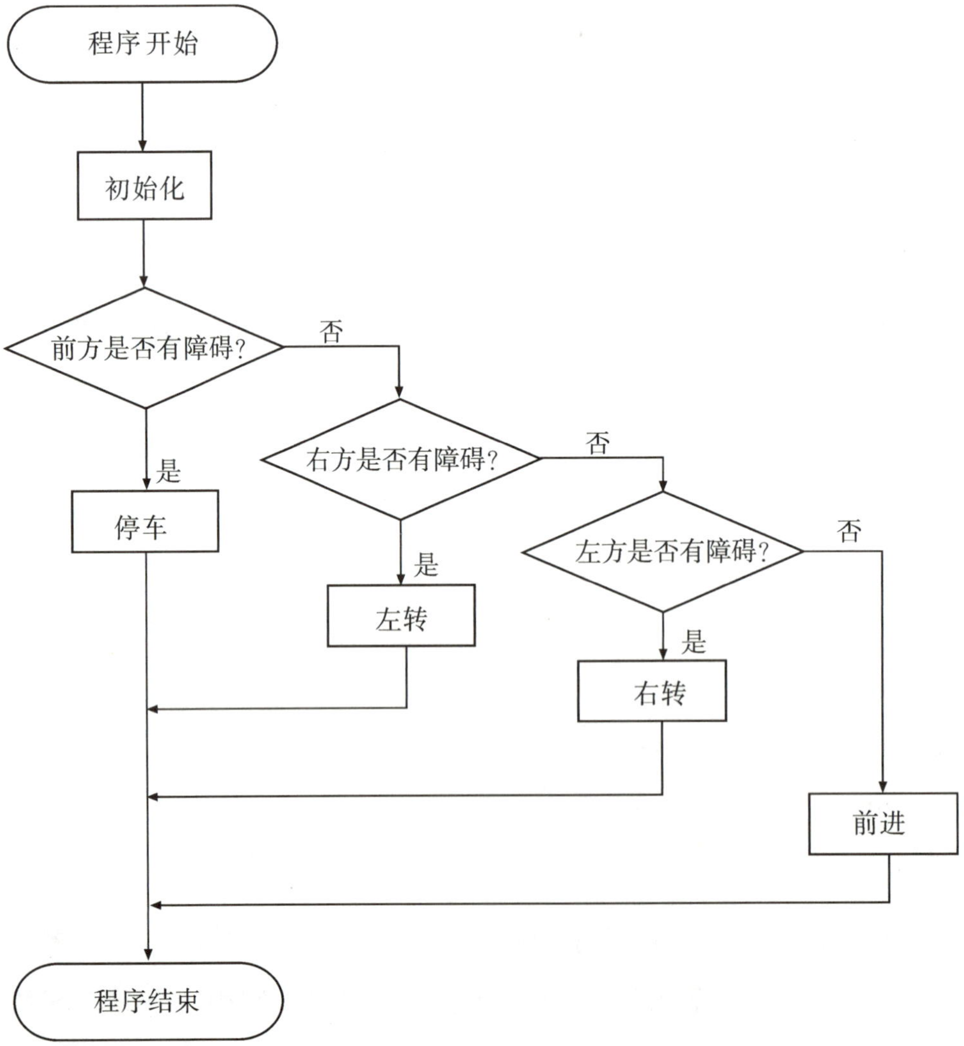

图6-12 智能小车程序设计流程图

程　　序

```
#include "SR04.h" //超声波感应模块所需库

#define MR1_PIN  4 //定义右电机1号管脚名称和管脚号
#define MR2_PIN  5 //定义右电机2号管脚名称和管脚号
#define ML1_PIN  6 //定义左电机1号管脚名称和管脚号
#define ML2_PIN  7 //定义左电机2号管脚名称和管脚号
#define RL_PIN  12 //定义右红外避障传感器管脚名称和管脚号
#define LL_PIN  13 //定义左红外避障传感器管脚名称和管脚号
#define TRIG_PIN  8 //定义超声波传感器"Trig"管脚名称和管脚号
#define ECHO_PIN  9 //定义超声波传感器"Echo"管脚名称和管脚号
#define LIMIT  10  //定义超声波传感器探测范围为10 cm
SR04 sr04 = SR04(ECHO_PIN, TRIG_PIN); //创建超声波传感器探测对象

void setup() { //设置连接模式
    pinMode(MR1_PIN, OUTPUT);
    pinMode(MR2_PIN, OUTPUT);
    pinMode(ML1_PIN, OUTPUT);
    pinMode(ML2_PIN, OUTPUT);
    pinMode(RL_PIN, INPUT);
    pinMode(LL_PIN, INPUT);
}

void loop() { //主程序
    if (sr04.Distance() < LIMIT) {  //如果小车前方有障碍
        stopCar();
    } else if (!digitalRead(RL_PIN)) {  //如果小车右方有障碍
        leftTurn();
    } else if (!digitalRead(LL_PIN)) {  //如果小车左方有障碍
        rightTurn();
```

```
  } else {
    go();
  }
}

void go() {  //前进函数
   digitalWrite(MR1_PIN, 1);
   digitalWrite(MR2_PIN, 0);
   digitalWrite(ML1_PIN, 1);
   digitalWrite(ML2_PIN, 0);
}

void stopCar() {  //停车函数
   digitalWrite(MR1_PIN, 0);
   digitalWrite(MR2_PIN, 0);
   digitalWrite(ML1_PIN, 0);
   digitalWrite(ML2_PIN, 0);
}

void leftTurn() {  //左转函数
   digitalWrite(MR1_PIN, 1);
   digitalWrite(MR2_PIN, 0);
   digitalWrite(ML1_PIN, 0);
   digitalWrite(ML2_PIN, 0);
}

void rightTurn() {  //右转函数
   digitalWrite(MR1_PIN, 0);
   digitalWrite(MR2_PIN, 0);
   digitalWrite(ML1_PIN, 1);
   digitalWrite(ML2_PIN, 0);
}
```

5 测试与分析

布置一个有障碍的场地,上传程序,接通电源,检测智能小车能否感应障碍和躲避障碍,如图6-13所示。

图6-13 作品测试

项目实施

请根据本组的项目选题及拟定的项目方案,结合本课所学知识,进一步完善该项目方案中的各项学习活动,制作本组选定项目的作品,并填写表6-7。

表6-7 项目实施日志

流程	事项	工作日志
1	准备材料	
2	连接组件	
3	编写程序	
4	测试优化	
5	美化外观	
6	撰写报告	

成果交流

请将完成的项目学习成果在小组和班级中进行展示与交流,并在表6-8中对自己的成果作出评价。

表6-8 作品评价表

评价指标	指标说明	评价
创新性	能有创意地解决所面对的问题,这个问题目前市面上未有妥善的解决方案,或对目前已有的解决方案进行了显著的改善和创新	☐优秀 ☐良好 ☐中等 ☐仍需努力
实用性	方案严谨合理,技术上可行,符合成本效益,制作方法、流程高效灵活,所实现的功能契合所选主题的需求	☐优秀 ☐良好 ☐中等 ☐仍需努力
技术水平	规划的方案具有与课题相关较高的知识水平。在方案实现的过程中,具备较高的软硬件知识水平,对已有的工艺或技术进行了改进,实现技术创新	☐优秀 ☐良好 ☐中等 ☐仍需努力
艺术性	对作品的外形和色彩搭配,有适当的审美考虑。材料及设计符合安全要求,作品易于被用户控制及使用	☐优秀 ☐良好 ☐中等 ☐仍需努力
演示及回应	作品展示资料充足,简洁准确,语言流畅,组员间配合得宜。回答问题时,对问题理解准确,思路清晰,反应迅捷,逻辑严密	☐优秀 ☐良好 ☐中等 ☐仍需努力

活动评价

请根据本组的项目选题、拟定的项目方案、实施情况和所形成的项目成果，参照本书"附录"和表6-9，对自己的学习活动进行评价和总结。

表6-9　项目学习活动自我总结表

项目主题			
姓名	学号		日期
小组成员			
自我总结			

在该项目中我所完成的任务是＿＿＿＿＿＿＿＿＿＿＿＿＿＿＿＿＿＿＿＿＿＿＿

该项目所涉及的学习领域有＿＿＿＿＿＿＿＿＿＿＿＿＿＿＿＿＿＿＿＿＿＿＿＿

项目实施过程中我遇到的困难有＿＿＿＿＿＿＿＿＿＿＿＿＿＿＿＿＿＿＿＿＿

我克服困难的方法是＿＿＿＿＿＿＿＿＿＿＿＿＿＿＿＿＿＿＿＿＿＿＿＿＿＿＿

＿＿＿＿＿＿＿＿＿＿＿＿＿＿＿＿＿＿＿＿＿＿＿＿＿＿＿＿＿＿＿＿＿＿＿＿＿

关于整体分工和合作情况，其他小组值得我们学习的是＿＿＿＿＿＿＿＿＿＿＿

＿＿＿＿＿＿＿＿＿＿＿＿＿＿＿＿＿＿＿＿＿＿＿＿＿＿＿＿＿＿＿＿＿＿＿＿＿

关于项目的选题、实施、成果和展示，其他小组值得我们借鉴的是＿＿＿＿＿＿

＿＿＿＿＿＿＿＿＿＿＿＿＿＿＿＿＿＿＿＿＿＿＿＿＿＿＿＿＿＿＿＿＿＿＿＿＿

通过该项目学习，我的收获是＿＿＿＿＿＿＿＿＿＿＿＿＿＿＿＿＿＿＿＿＿＿＿

＿＿＿＿＿＿＿＿＿＿＿＿＿＿＿＿＿＿＿＿＿＿＿＿＿＿＿＿＿＿＿＿＿＿＿＿＿

通过该项目学习，我知道自己的优势在于＿＿＿＿＿＿＿＿＿＿＿＿＿＿＿＿＿

＿＿＿＿＿＿＿＿＿＿＿＿＿＿＿＿＿＿＿＿＿＿＿＿＿＿＿＿＿＿＿＿＿＿＿＿＿

我还需要继续努力的方面有＿＿＿＿＿＿＿＿＿＿＿＿＿＿＿＿＿＿＿＿＿＿＿＿

＿＿＿＿＿＿＿＿＿＿＿＿＿＿＿＿＿＿＿＿＿＿＿＿＿＿＿＿＿＿＿＿＿＿＿＿＿

如果再做一次该项目，我会作出的调整是＿＿＿＿＿＿＿＿＿＿＿＿＿＿＿＿＿

＿＿＿＿＿＿＿＿＿＿＿＿＿＿＿＿＿＿＿＿＿＿＿＿＿＿＿＿＿＿＿＿＿＿＿＿＿

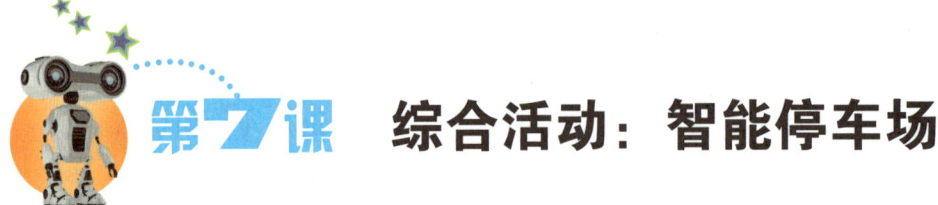

第7课　综合活动：智能停车场

智能停车场（或智能停车场管理系统）是现代化停车场收费及设备自动化管理的统称，如图7-1所示。智能停车场在计算机的统一管理下，以感应卡（IC卡及ID卡）为用户信息载体，记录车辆及持卡人进出的相关信息，通过机电一体化智能设备，采集、处理、传输信息，并转化为人能够识别的信息，通过字符显示、语音播报等途径，实现人机交互的功能，从而实现计时收费、车辆管理等目的。根据设计原理，智能停车场管理系统可分为三大部分：人机交互与信息采集、信息传输与处理、信息储存与查询。

图7-1　智能停车场

本节课通过"智能停车场"项目，学会运用观察、比较、分析、综合、抽象、判断、推理等思维方法，进行自主、协作、探究学习，了解智能停车场的概念、基本配备和运作原理，基于出行停车的实际需求，设计和组建智能停车场系统，体验运用传感器与程序设计构建自感知、自配置、自修复、自管理的设备网络和管理系统，从而形成良好的学习和思维习惯，促进创新能力的养成，完成项目学习目标。

项目目标

通过学习"智能停车场的设计与制作"项目,根据交通出行的各种实际问题,思考智能停车场的优缺点,设计停车场智能系统。学习运用传感器与身边的材料,制作"智能停车场"模型,用Arduino IDE编写停车场的智能控制系统。

项目范例

每逢节假日,在市区停车是一件让人烦心的事情。小智爸爸把车开进停车场后,很多时候兜兜转转都找不到车位,只能等其他车主离开再停车。市区的停车场不止一个,如果有一个智能停车系统,能够统计每个停车场的空闲车位数并让车主查询,那么车主就不需要把车开进没有空置车位的停车场,停车空间也能得到优化利用。

智能停车场可以实现无人化管理,根据停车场空置车位情况,自动放行进出车辆。经过分析,实现停车的智能化,需要解决下列问题。

问题一:如何识别车辆进出?

问题二:如何自动放行车辆?

问题三:如何统计停车场车位数?

1. 主题

智能停车场的设计与制作。

2. 内容

通过开展"智能停车场的设计与制作"项目学习活动,掌握Arduino I/O扩展板的使用方法,掌握超声波传感器和舵机的使用方法,了解I2C LCD显示屏的使用方法;能够设计相应的控制程序,掌握作品系统总成的方法。

3. 规划

根据本方案的主题及内容要求,利用思维导图等图形化表达工具,在小组内部开展"头脑风暴"活动,制订项目学习规划,如图7-2所示。

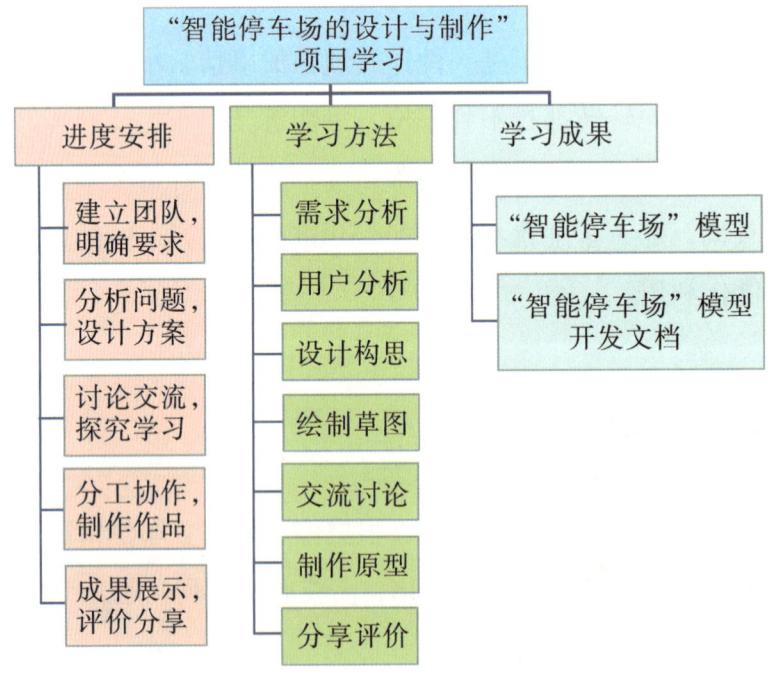

图7-2 "智能停车场的设计与制作"项目学习活动规划

4. 探究

根据问题的指引和项目学习规划的安排,"智能停车场的设计与制作"项目学习探究活动内容如表7-1所示。

表7-1 "智能停车场的设计与制作"项目学习探究活动内容

探究学习内容	探究学习活动	知识技能
超声波传感器的外观、结构、原理和功能	查阅资料，观察、分析和操作	掌握超声波传感器的使用方法
舵机的外观、结构、原理和功能	查阅资料，观察、分析和操作	掌握舵机的使用方法
I2C LCD显示屏的外观、结构、原理和功能	查阅资料，观察、分析和操作	了解I2C LCD显示屏的使用方法
Arduino I/O扩展板的外观、结构、原理和功能	查阅资料，观察、分析和操作	掌握Arduino I/O扩展板的使用方法
"智能停车场"主控程序设计	抽象、概括和推理	能够设计相应的控制程序
"智能停车场"系统总成的方法和步骤	操作，概括	掌握作品系统总成的方法

1. 展示

展示在项目范例探究过程中逐步形成的项目成果——"智能停车场"模型和开发文档，如图7-3所示。

（a）"智能停车场"模型　　　（b）"智能停车场"模型开发文档示例

图7-3 "智能停车场的设计与制作"项目成果

2. 交流

围绕"智能停车场"模型，分别在小组和班级中开展交流，进一步探讨智能停车场的未来发展。

3. 评价

根据表7-1"智能停车场的设计与制作"项目学习探究活动内容，对项目范例学习过程和成果作品进行自评和互评。

项目选题

请以两人为一组，以交通出行的实际需求为中心，从下列参考主题中选择一项进行项目探究学习，也可小组商讨，自定主题。

主题一：停车自动计时计费。

主题二：空闲车位提示及路线引导。

自定主题：_____

项目规划

参照项目范例的样式，制订本小组的项目学习活动方案。请将小组的方案填写到表7-2中。

表7-2 项目学习活动方案

项目主题	
要解决的核心问题	
作品需要具备的功能（可以多选）	□识别车辆　　□路线引导 □其他：_____
作品应用的领域	□马路上　　□商场 □其他：_____

（续表）

需要用到的核心设备	
需要学习的知识或技能	
开展项目学习的方法	
进度安排表	
学习资源获取途径及获得指导的途径	
可能会遇到的困难	
预期成果	

试着画一下自己的项目规划思维导图吧！

方案交流

各小组将完成的项目学习活动方案在班级中进行展示交流，师生根据交流情况，跟随下列问题的引导，共同完善本组的项目方案。

我们方案的优点是＿＿＿＿＿＿＿＿＿＿＿＿＿＿＿＿＿＿＿＿＿＿
＿＿＿＿＿＿＿＿＿＿＿＿＿＿＿＿＿＿＿＿＿＿＿＿＿＿＿＿＿＿

我们方案需要补充的地方有＿＿＿＿＿＿＿＿＿＿＿＿＿＿＿＿＿
＿＿＿＿＿＿＿＿＿＿＿＿＿＿＿＿＿＿＿＿＿＿＿＿＿＿＿＿＿＿

我认为还有更好的方案，我们可以（怎么做）＿＿＿＿＿＿＿＿
＿＿＿＿＿＿＿＿＿＿＿＿＿＿＿＿＿＿＿＿＿＿＿＿＿＿＿＿＿＿
＿＿＿＿＿＿＿＿＿＿＿＿＿＿＿＿＿＿＿＿＿＿＿＿＿＿＿＿＿＿

探究活动

❶ 作品工作原理设计

智能停车场管理系统能够统计空闲车位，识别进出车辆，并自动放行。设计智能停车场的关键在于如何识别车辆进出并自动放行，如何计算并显示空闲车位数。

当我们遇到问题需要解决的时候，常常会观察生活中的一些现象，运用类比思维寻找同类问题解决的办法。在第6课的学习中，我们使用了超声波传感器来检测物体之间的距离，这个技术在检测车辆进出时也可以使用。当车辆到达停车场的出入口时，传感器可以检测到近处有车辆存在，这可以作为车辆进出的信号。而在第5课中，我们使用了舵机来实现窗户的开启和关闭，我们也可以用同样的设备控制停车场的闸门开（关）。如图7-4所示，每一辆车进出的时候，都要先通过超声波传感器判断车辆的存在，然后控制板根据情况驱动舵机控制闸门开（关）。我们还可以把车辆进出的数据记录起来，使用LCD显示屏显示停车场的空闲车位数。

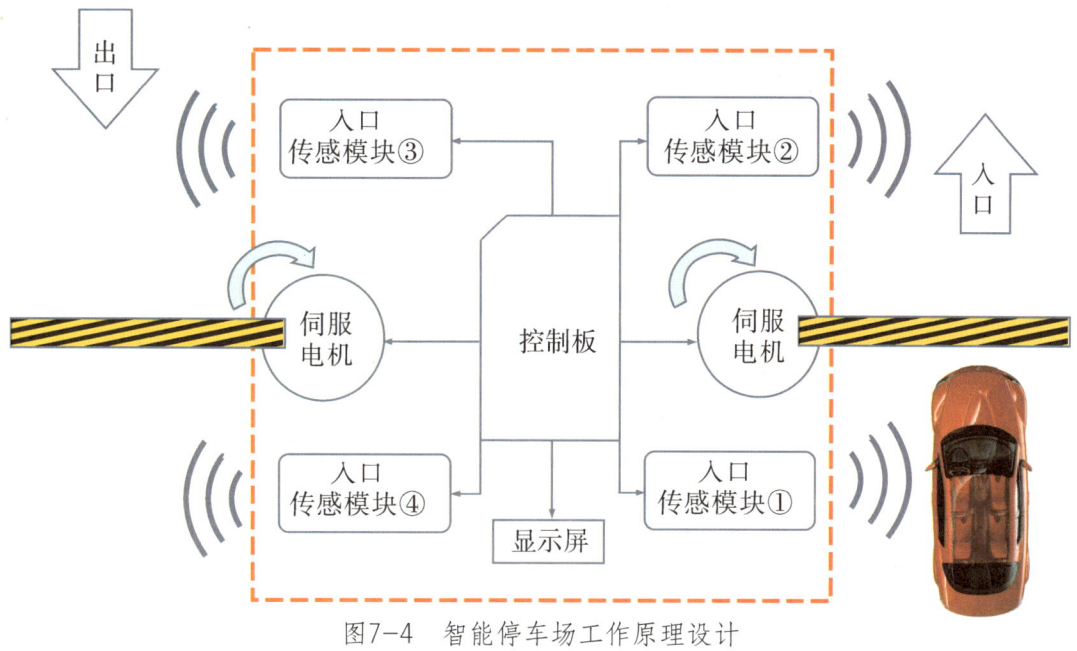

图7-4 智能停车场工作原理设计

请观察日常生活中的一些现象，找出与智能停车场设计思路类似，能自动识别目标并统计数据的设备或装置，并填写表7-3。

表7-3 日常生活中的自动数据统计装置

编号	装置	工作原理
1		
2		
3		
4		

2 硬件与电子元件的选择

制作智能停车场需要准备一些硬件和材料,按照❶中提出的智能停车场设计思路,制作智能停车场需要准备的主要硬件和材料如表7-4所示。

表7-4 制作智能停车场硬件及材料清单

编号	名称	数量	功能
1	Arduino Uno控制板	1块	控制设备
2	Arduino I/O扩展板	1块	扩展管脚数
3	超声波传感器	4个	探测车辆
4	舵机	2个	控制闸门开(关)
5	I2C LCD显示屏	1块	显示车位信息
6	杜邦线	若干	连接硬件
7	方口USB数据线	1条	传输数据
8	"9 V 1 A"电源适配器	1个	供电
9	白色PVC板	若干	制作外形
10	黏合剂或胶布	若干	制作外形

I2C LCD 1602液晶显示屏

LCD液晶显示屏即字符液晶板,能同时显示32个字符(2行,每行16个)。由于其使用方便,体积小巧,成本不高,应用非常广泛。

请观察日常生活中的一些现象,找出不同类型LCD液晶显示屏的应用实例,并填写表7-5。

表7-5 电子模块的应用实例

编号	LCD模块
1	
2	
3	
4	

3 动手做项目:连接组件

在做好硬件准备后,便可进入连接组件环节,组件连接如图7-5所示,步骤和方法如下:

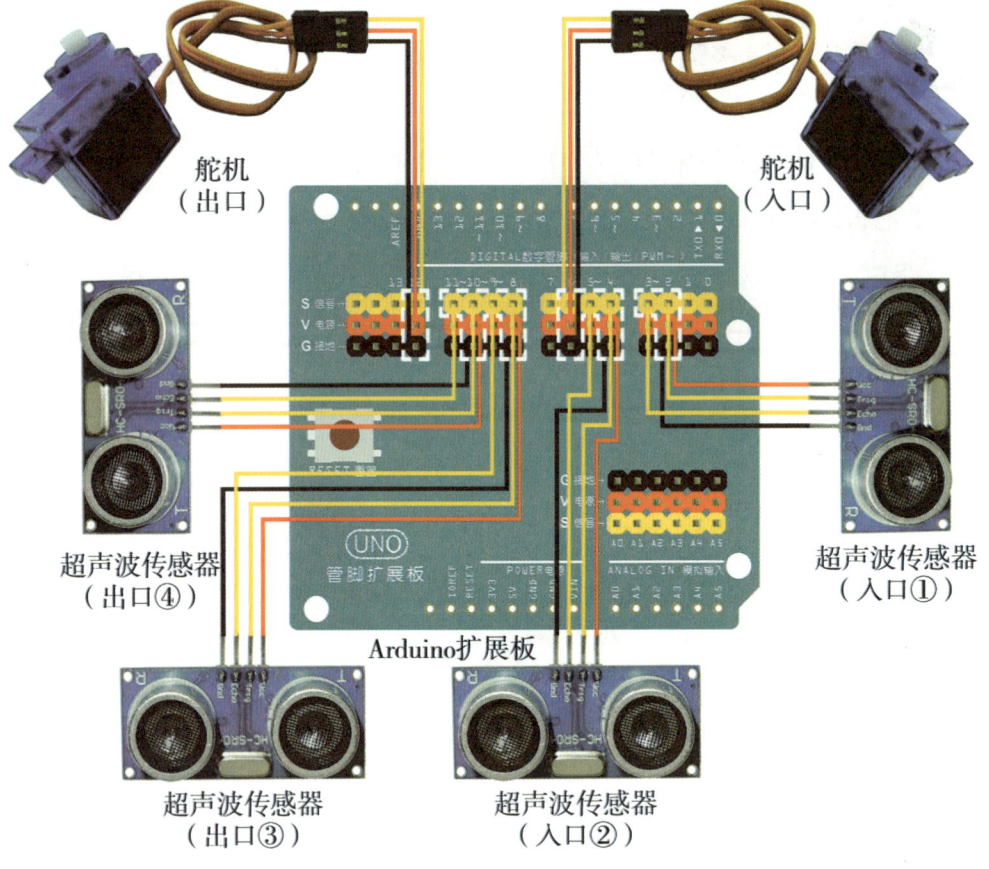

图7-5 硬件模拟连接图

1. 扩展板与控制板的连接

按照管脚和方向把扩展板安装到控制板上。

2. 传感器与扩展板的连接

把超声波传感器、舵机与扩展板连接,如表7-6所示。其中,"D"表示数字管脚,"SIG"为信号端,"VCC"为正极,"GND"为负极。

表7-6 传感器与扩展板的连接

传感器类型	传感器管脚	扩展板管脚	传感器类型	传感器管脚	扩展板管脚
超声波传感器(入口①)	Trig	D2 SIG	超声波传感器(出口③)	Trig	D8 SIG
	Echo	D3 SIG		Echo	D9 SIG
	VCC	D2 VCC		VCC	D8 VCC
	GND	D2 GND		GND	D8 GND

（续表）

传感器类型	传感器管脚	扩展板管脚	传感器类型	传感器管脚	扩展板管脚
超声波传感器（入口②）	Trig	D4 SIG	超声波传感器（出口④）	Trig	D10 SIG
	Echo	D5 SIG		Echo	D11 SIG
	VCC	D4 VCC		VCC	D10 VCC
	GND	D4 GND		GND	D10 GND
舵机（入口）	橙色线	D6 SIG	舵机（出口）	橙色线	D12 SIG
	红色线	D6 VCC		红色线	D12 VCC
	棕色线	D6 GND		棕色线	D12 GND

3．LCD显示屏与控制板的连接

I2C LCD显示屏的管脚连接扩展板的对应管脚。

利用白色PVC板、纸张与画笔搭建"智能停车场"模型，把传感器与控制板组合进模型里，如图7-6所示。

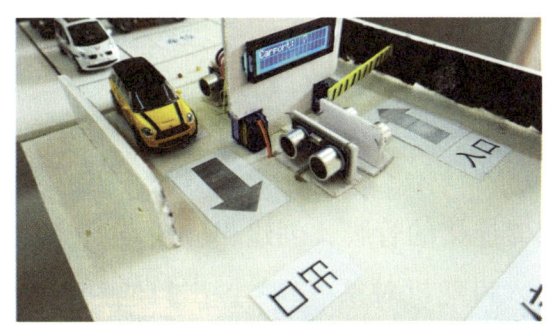

（a）"智能停车场"模型入口　　　　（b）入口设备布置

图7-6　"智能停车场"模型外观

❹ 动手做项目：编写程序

根据❶中描述的设计思路，设计智能停车场主控程序。

1. 必要库

添加超声波传感器所需库"SR04"，添加舵机所需库"Servo"，添加I2C LCD液晶显示屏所需库"LiquidCrystal_I2C"。

2. 定义管脚

定义入口超声波传感器检测管脚：设入口①号超声波传感器检测"Trig"管脚名字为"E1T_PIN"，管脚号为2；"Echo"管脚名字为"E1E_PIN"，管脚号为3。设入口②号超声波传感器检测"Trig"管脚名字为"E2T_PIN"，管脚号为4；"Echo"管脚名字为"E2E_PIN"，管脚号为5。

定义出口超声波传感器检测管脚：设出口③号超声波传感器检测"Trig"管脚名字为"O1T_PIN"，管脚号为8；"Echo"管脚名字为"O1E_PIN"，管脚号为9。设出口④号超声波传感器检测"Trig"管脚名字为"O2T_PIN"，管脚号为10；"Echo"管脚名字为"O2E_PIN"，管脚号为11。

定义舵机管脚：设入口舵机信号管脚名字为"ES_PIN"，管脚号为6；设出口舵机信号管脚名字为"OS_PIN"，管脚号为12。

3. 创建对象

根据出入口不同检测位置相应传感器连接的管脚，创建相应超声波检测对象"e1""e2""o1""o2"；创建入口舵机对象"es"，出口舵机对象"os"；创建LCD显示屏对象"lcd"。

4. 新建变量

设车位总数为"count"，初始值自定（本课例为8个）。

设现有车位数为"nowCount"。

设入口闸门状态为"inState"，当inState=0时，表示闸门关闭；当inState=1时，表示闸门开启。

设出口闸门状态为"outState",当inState=0时,表示闸门关闭;当inState=1时,表示闸门开启。

设超声波检测范围为"limit",初始值自定,具体情况具体分析(本课例为8 cm)。

5. 初始化

在初始化函数"setup()"中设置舵机的控制管脚,初始化现有车位数"now Coune"的值,初始化LCD显示屏的数据。

6. 自定义函数

开闸:编写开闸函数"void openDoor(Servo se)"。设对应舵机初始角度为90度(pos=90),每隔15毫秒递增旋转1度,并通过舵机对象的内置方法"write(pos)"设置旋转的角度,直到舵机角度为175度(pos=175)。

关闸:编写开闸函数"void closeDoor(Servo se)"。设对应舵机初始角度为175度(pos=175),每隔15毫秒递减旋转1度,并通过舵机对象的内置方法"write(pos)"设置旋转的角度,直到舵机角度为90度(pos=90)。

进入停车场:编写进入停车场函数"getIn()"。当现有车位"nowCount"大于0时,入口①号超声波传感器检测范围内有车辆,且入口闸门关闭的情况下,调用开闸函数"openDoor(es)"。当入口②号超声波传感器检测范围内有车辆且入口闸门开启的情况下,调用关闸函数"closeDoor(es)",现有车位数量"nowCount"减1。

离开停车场:编写离开停车场函数"getAway()"。当出口③号超声波传感器检测范围内有车辆,且出口闸门关闭的情况下,调用开闸函数"openDoor(os)"。当出口④号超声波传感器检测范围内有车辆,且出口闸门开启的情况下,调用关闸函数"closeDoor(os)",现有车位数量"nowCount"加1。

7. 主程序

在循环函数"loop()"中分别调用进入车场函数"getIn()"以及离开车场函数"getAway()"。

智能系统设计与制作

流 程 图

智能停车场程序设计流程如图7-7所示。

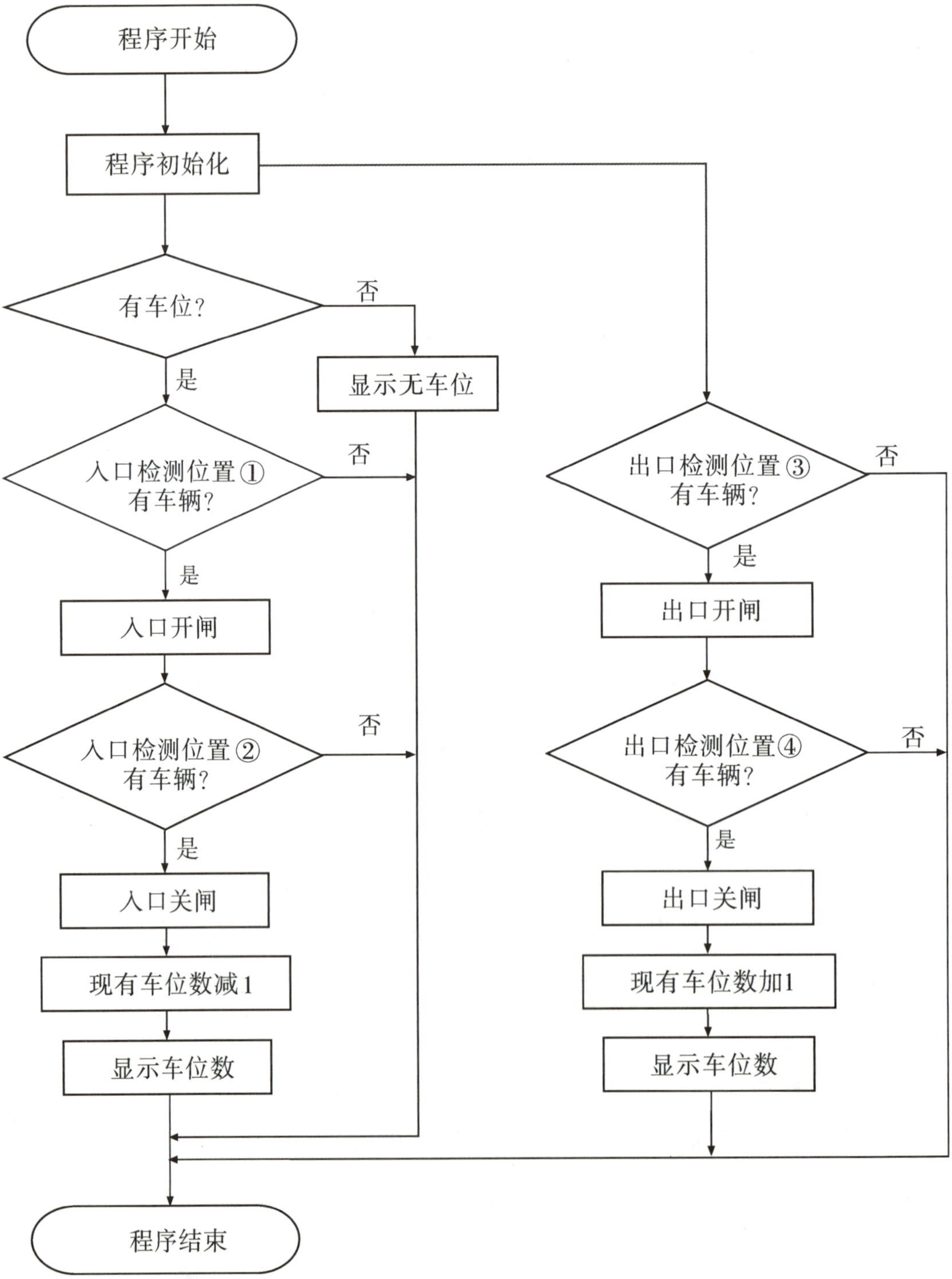

图7-7 智能停车场程序设计流程图

程　　序

#include <SR04.h>　//超声波传感器所需库

#include <Servo.h>　//舵机所需库

#include <LiquidCrystal_I2C.h>　//I2C LCD液晶显示屏所需库

#define E1T_PIN 2　//定义入口①号超声波传感器"Trig"管脚名称及对应管脚号

#define E1E_PIN 3　//定义入口①号超声波传感器"Echo"管脚名称及对应管脚号

#define E2T_PIN 4　//定义入口②号超声波传感器"Trig"管脚名称及对应管脚号

#define E2E_PIN 5　//定义入口②号超声波传感器"Echo"管脚名称及对应管脚号

#define ES_PIN 6　//定义入口舵机管脚名称及对应管脚号

#define O1T_PIN 8　//定义出口③号超声波传感器"Trig"管脚名称及对应管脚号

#define O1E_PIN 9　//定义出口③号超声波传感器"Echo"管脚名称及对应管脚号

#define O2T_PIN 10　//定义出口④号超声波传感器"Trig"管脚名称及对应管脚号

#define O2E_PIN 11　//定义出口④号超声波传感器"Echo"管脚名称及对应管脚号

#define OS_PIN 12　//定义出口舵机管脚名称及对应管脚号

SR04 e1 = SR04(E1E_PIN, E1T_PIN);　//创建入口①号超声波传感器检测对象

SR04 e2 = SR04(E2E_PIN, E2T_PIN);　//创建入口②号超声波传感器检测对象

SR04 o1 = SR04(O1E_PIN, O1T_PIN);　//创建出口③号超声波传感器检测对象

SR04 o2 = SR04(O2E_PIN, O2T_PIN);　//创建出口④号超声波传感器检测对象

Servo es;//创建入口舵机控制对象

Servo os;//创建出口舵机控制对象

LiquidCrystal_I2C lcd(0x27,16,2);　//设置LCD显示屏设备地址

//本案例的地址是0x27，一般是0x20，或者0x27，具体设置看模块手册

int count = 8;　//新建"车位总数"变量，初始值为8

int nowCount;　//新建"现有车位数"变量

int inState = 0;　//新建"入口闸门状态"变量，0为关闭，1为开启

int outState = 0;　//新建"出口闸门状态"变量，0为关闭，1为开启

int limit = 8;　//新建"超声波传感器检测范围"变量，最大距离为8 cm

```
/*----------------------------分割线----------------------------*/
void sctup()
{
    es.attach(ES_PIN); //入口舵机由Arduino ES_PIN控制
    os.attach(OS_PIN); //出口舵机由Arduino OS_PIN控制
    nowCount = count; //现有车位数与车位总数一致
    lcd.init(); //初始化LCD
    lcd.backlight(); //设置LCD背景灯亮
    lcd.setCursor(0,0); //设置显示字符位置
    lcd.print("Carport:"); //输出字符"Carport:"到LCD 1602显示屏上
    lcd.setCursor(10,0); //设置显示字符位置
    lcd.print(count); //输出变量"count"的值到LCD 1602显示屏上
}
/*----------------------------分割线----------------------------*/
void loop()
{
    getIn(); //运行进入车场函数
    getAway(); //运行离开车场函数
}
/*----------------------------分割线----------------------------*/
//定义进入车场函数
void getIn()
{
    if(nowCount >0){
        if((e1.Distance()< limit)&& inState ==0){
        //如果入口检测位置①有车辆而且闸门为关闭状态
            openDoor(es); //开闸
            inState = 1; //确定有车在门口，闸门打开
        }
        if((e2.Distance()< limit)&& inState ==1){
        //如果入口检测位置②有车辆而且闸门为打开状态
            closeDoor(es); //关闸
```

```
      inState = 0;  //车过关闸
      nowCount--;  //现有车位数减1
      lcd.clear();  //清屏
      lcd.setCursor(0,0);  //设置显示字符位置
      lcd.print("Carport:");  //输出字符"Carport:"到LCD 1602显示屏上
      lcd.setCursor(10,0);  //设置显示字符位置
      lcd.print(nowCount);  //输出变量"nowCount"的值到LCD 1602显示屏上
    }
  }
  else
  {
    lcd.clear();  //清屏
    lcd.setCursor(0,0);  //设置显示字符位置
    lcd.print("No carport");  //输出字符"No carport"到LCD 1602显示屏上
  }
}
//定义离开车场函数
void getAway()
{
  if((o1.Distance()< limit)&& outState ==0){
//如果出口检测位置③有车辆而且闸门为关闭状态
    openDoor(os);  //开闸
    outState = 1;  //确定有车在门口，闸门打开
  }
  if((o2.Distance()< limit)&& outState ==1){
//如果出口检测位置④有车辆而且闸门为打开状态
    closeDoor(os);  //关闸
    outState =0;  //车过关闸
    nowCount++;  //现有车位数加1
    lcd.clear();  //清屏
    lcd.setCursor(0,0);  //设置显示字符位置
    lcd.print("Carport:");  //输出字符"Carport:"到LCD 1602显示屏上
```

```
        lcd.setCursor(10,0); //设置显示字符位置
        lcd.print(nowCount); //输出变量"nowCount"的值到LCD 1602显示屏上
    }
}
/*---------------------------------分割线---------------------------------*/
//定义开闸函数
void openDoor(Servo se){
    int pos = 0;
    for(pos =90; pos <175; pos +=1){  //舵机角度从90度转动到175度，每次步进一度
        se.write(pos);  // 指定舵机转动的角度
        delay(15);  // 等待15ms让舵机转动到指定角度
    }
}
//定义关闸函数
void closeDoor(Servo se){
    int pos = 0;
    for(pos =175; pos >=91; pos -=1){//舵机角度从180度转动到90度运动，每次步进一度
        se.write(pos);  // 指定舵机转动的角度
        delay(15);  // 等待15ms让舵机转动到指定位置
    }
}
```

5 测试与分析

当车辆从停车场入口进入，如图7-8（a）所示，舵机控制闸门打开、放行，LCD显示屏上显示的空闲车位数减1。

当车辆从停车场出口离开，如图7-8（b）所示，舵机控制闸门打开、放行，LCD显示屏上显示的空闲车位数加1。

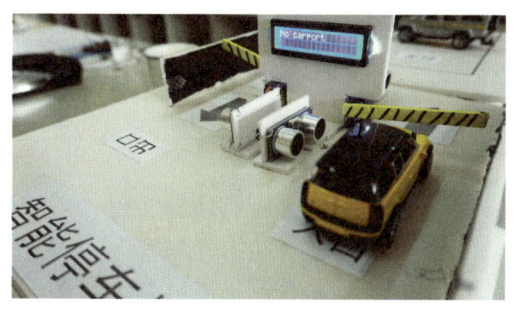
（a）车辆进入停车场

（b）车辆离开停车场

图7-8 测试状况

项目实施

请根据本组的项目选题及拟定的项目方案，结合本课所学知识，进一步完善该项目方案中的各项学习活动，制作本组选定项目的作品，并填写表7-7。

表7-7 项目实施日志

流程	事项	工作日志
1	准备材料	
2	连接组件	
3	编写程序	
4	测试优化	
5	美化外观	
6	撰写报告	

成果交流

请将完成的项目学习成果在小组和班级中进行展示与交流，并在表7-8中对自己的成果作出评价。

表7-8 作品评价表

评价指标	指标说明	评价
创新性	能有创意地解决所面对的问题，这个问题目前市面上未有妥善的解决方案，或对目前已有的解决方案进行了显著的改善和创新	☐优秀 ☐良好 ☐中等 ☐仍需努力
实用性	方案严谨合理，技术上可行，符合成本效益，制作方法、流程高效灵活，所实现的功能契合所选主题的需求	☐优秀 ☐良好 ☐中等 ☐仍需努力
技术水平	规划的方案具有与课题相关较高的知识水平。在方案实现的过程中，具备较高的软硬件知识水平，对已有的工艺或技术进行了改进，实现技术创新	☐优秀 ☐良好 ☐中等 ☐仍需努力
艺术性	对作品的外形和色彩搭配，有适当的审美考虑。材料及设计符合安全要求，作品易于被用户控制及使用	☐优秀 ☐良好 ☐中等 ☐仍需努力
演示及回应	作品展示资料充足，简洁准确，语言流畅，组员间配合得宜。回答问题时，对问题理解准确，思路清晰，反应迅捷，逻辑严密	☐优秀 ☐良好 ☐中等 ☐仍需努力

活动评价

请根据本组的项目选题、拟定的项目方案、实施情况和所形成的项目成果，参照本书"附录"与表7-9，对自己的学习活动进行评价和总结。

表7-9　项目学习自我总结表

项目主题					
姓名		学号		日期	
小组成员					
自我总结					
在该项目中我所完成的任务是＿＿＿＿＿＿＿＿＿＿＿＿＿＿＿＿＿＿＿＿＿＿＿＿＿＿					
该项目所涉及的学习领域有＿＿＿＿＿＿＿＿＿＿＿＿＿＿＿＿＿＿＿＿＿＿＿＿＿＿＿					
项目实施过程中我遇到的困难有＿＿＿＿＿＿＿＿＿＿＿＿＿＿＿＿＿＿＿＿＿＿＿＿					
我克服困难的方法是＿＿＿＿＿＿＿＿＿＿＿＿＿＿＿＿＿＿＿＿＿＿＿＿＿＿＿＿＿＿ ＿＿					
关于整体分工和合作情况，其他小组值得我们学习的是＿＿＿＿＿＿＿＿＿＿＿＿＿＿ ＿＿					
关于项目的选题、实施、成果和展示，其他小组值得我们借鉴的是＿＿＿＿＿＿＿＿ ＿＿					
通过该项目学习，我的收获是＿＿＿＿＿＿＿＿＿＿＿＿＿＿＿＿＿＿＿＿＿＿＿＿＿＿ ＿＿					
通过该项目学习，我知道自己的优势在于＿＿＿＿＿＿＿＿＿＿＿＿＿＿＿＿＿＿＿＿ ＿＿					
我还需要继续努力的方面有＿＿＿＿＿＿＿＿＿＿＿＿＿＿＿＿＿＿＿＿＿＿＿＿＿＿＿ ＿＿					
如果再做一次该项目，我会作出的调整是＿＿＿＿＿＿＿＿＿＿＿＿＿＿＿＿＿＿＿＿ ＿＿					

第8课 综合活动：物联网

物联网是新一代信息技术的重要组成部分，也是信息化时代的重要发展阶段，其英文名称是"Internet of things（IoT）"。顾名思义，物联网就是物物相连的互联网。这有两层意思：其一，物联网的核心仍然是互联网，是在互联网基础上延伸和扩展的网络；其二，用户端延伸和扩展到了物品自身，物品与物品之间进行信息交换和通信，也就是物物相息，如图8-1所示。物联网通过智能感知识别技术与普适计算等通信感知技术，广泛应用于社会的发展中。因此，物联网也称为继计算机、互联网之后，世界信息产业发展的第三次浪潮。

图8-1　物联网中的物物相息

本节课通过"物联网"项目，学会运用观察、比较、分析、综合、抽象、判断、推理等思维方法，进行自主、协作、探究学习，了解物联网的概念和基本配备，体验为智能化设备建立物联网的过程，使用物联网收集收据，思考物联网能解决的实际问题，从而形成良好的学习和思维习惯，促进创新能力的养成，完成项目学习目标。

项目目标

通过学习"智能停车场的物联网扩展设计与制作"项目，理解物联网的概念，了解物联网的工作方式；根据智能系统应用的实际需求，设计智能设备的物联网功能，学习运用Ethernet W5100网络扩展板搭建物联网；能够设计相应的控制程序，掌握作品系统总成的方法。

项目范例

小智同学认为智能停车场为出行停车带来了方便，不用进入停车场就可以预先了解停车场的车位情况。但在上次小智爸爸把车开到一个停车场门口，发现没车位后，由于道路堵塞，花了半小时才去到另一个停车场。小智同学想如果智能停车场也像电脑和手机一样连接互联网就好了，驾驶者就可以预先了解停车场的车位情况。

智能停车场能实现无人化管理，根据停车场的空闲车位情况自动放行进出车辆。但现在城市交通拥堵情况严重，假如真的到了停车场才知道没车位，再换停车场也不算十分便利。如果能把停车场的车辆情况通过互联网实时发布，那么车主就可以更方便地选择停车场了。经过分析，实现车位信息的实时发布，需要解决下列问题。

141

问题一：如何把停车场和互联网联系起来？

问题二：通过什么方式把智能停车场的信息发布在互联网上？

1. 主题

智能停车场的物联网扩展设计与制作。

2. 内容

通过开展"智能停车场的物联网扩展设计与制作"项目学习活动，理解物联网的概念，了解物联网的工作方式；了解Ethernet W5100网络扩展板的使用方法；能够设计相应的控制程序，掌握作品系统总成的方法。

3. 规划

根据本方案的主题及内容要求，利用思维导图等图形化表达工具，在小组内部开展"头脑风暴"活动，制订项目学习规划，如图8-2所示。

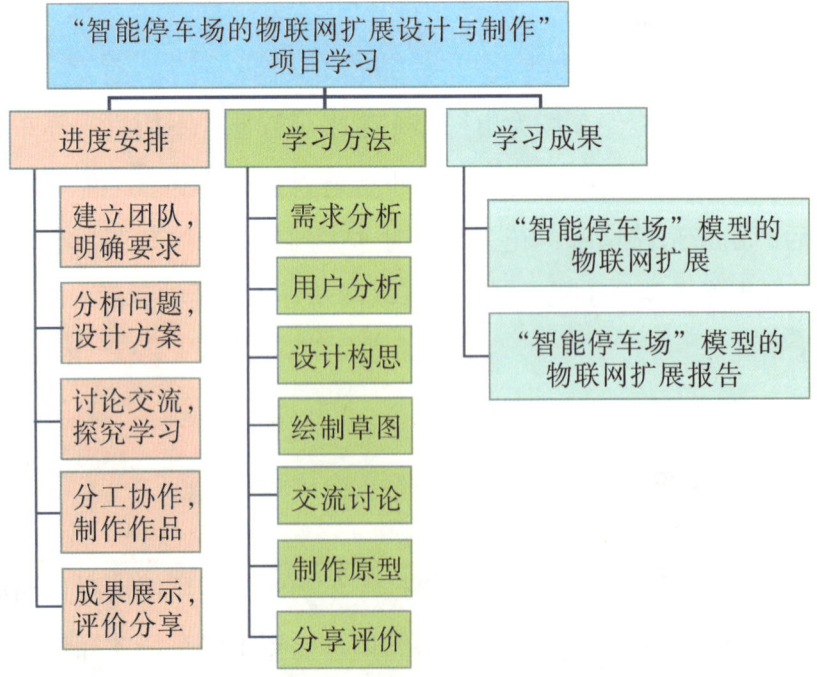

图8-2 "智能停车场的物联网扩展设计与制作"项目学习活动规划

4．探究

根据问题的指引和项目学习规划的安排，"智能停车场的物联网扩展设计与制作"项目学习探究活动内容如表8-1所示。

表8-1 "智能停车场的物联网扩展设计与制作"项目学习探究活动内容

探究学习内容	探究学习活动	知识技能
物联网的由来、概念及应用情况	查阅资料，观察、分析和操作	理解物联网的概念
物联网的工作方式	查阅资料，观察、分析和操作	了解物联网的工作方式
Ethernet W5100网络扩展板的外观、结构、原理和功能	查阅资料，观察、分析和操作	了解Ethernet W5100网络扩展板的使用方法
"物联网"主控程序设计	抽象、概括和推理	能够设计相应的控制程序
"物联网"系统总成的方法和步骤	操作，概括	掌握作品系统总成的方法

1．展示

展示在项目范例探究过程中逐步形成的项目成果——"智能停车场"模型的物联网及其扩展报告，如图8-3所示。

(a)"智能停车场"模型

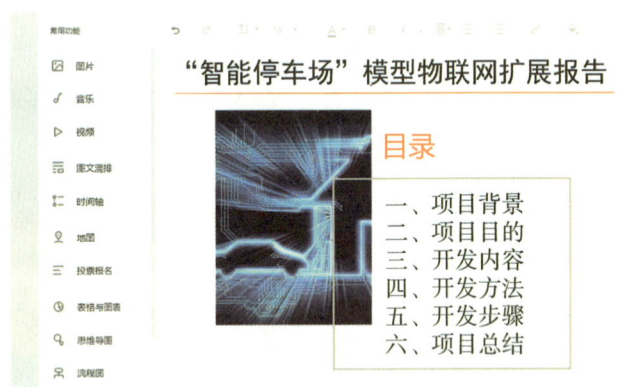

(b)"智能停车场"模型物联网扩展报告示例

图8-3 "智能停车场的物联网扩展设计与制作"项目成果

2．交流

围绕智能停车场的物联网，分别在小组和班级中开展交流，进一步探讨物联网的社会应用与发展前景。

3．评价

根据表8-1"智能停车场的物联网扩展设计与制作"项目学习探究活动内容，对项目范例学习过程和成果作品进行自评和互评。

项目选题

请以两人为一组,以建立物联网为中心,从下列参考主题中选择一项进行调查探究,也可小组商讨,自定主题。

主题一:家居智能化设备物联网扩展。

主题二:通过物联网远程控制家居电器开关。

自定主题:_____

项目规划

参照项目范例的样式,制定本小组的项目学习活动方案。请将小组的方案填写到表8-2中。

表8-2 项目学习活动方案

项目主题	
要解决的核心问题	
作品具备的功能(可以多选)	□物物交流　　□远程控制 □其他:_____
作品应用的领域	□家居　　　　□商场 □其他:_____
需要用到的核心设备	
需要学习的知识或技能	
开展项目学习的方法	

145

（续表）

进度安排表	
学习资源获取途径及获得指导的途径	
可能会遇到的困难	
预期成果	

试着画一下自己的项目规划思维导图吧！

方案交流

各小组将完成的项目学习活动方案在班级中进行展示交流，师生根据交流情况，跟随下列问题的引导，共同完善本组的项目方案。

我们方案的优点是_____

_____

我们方案需要补充的地方有_____

_____

我认为还有更好的方案，我们可以（怎么做）_____

_____

_____

探究活动

❶ 作品工作原理设计

在第7课中，我们搭建了"智能停车场"模型。但是如何把"智能停车场"这个"物"连入互联网呢？如何将有用的数据往物联网平台传输呢？这是本节课需要解决的问题。

当我们遇到问题需要解决的时候，需要分析问题并查阅资料，寻找解决问题的办法。"智能停车场"模型由Arduino Uno控制板控制，通过读取传感器数据来计算空闲车位的数量，并在LCD显示屏显示数据告知用户。而要把停车场接入互联网，首先需要添加能让Arduino控制板连接物联网的电子模块，让它成为互联网的一员。另外，需要寻找一个物联网的平台，让停车场的数据传输到物联网平台。这样，用户就可以使用电脑、手机等设备登录物联网平台，了解停车场的空闲车位数，如图8-4所示。

通过搜索资料，Ethernet W5100网络扩展板可以解决Arduino设备连入互联网的问题。本课例借助国内一个为普通用户提供物联网服务的平台来实现物联网的功能。

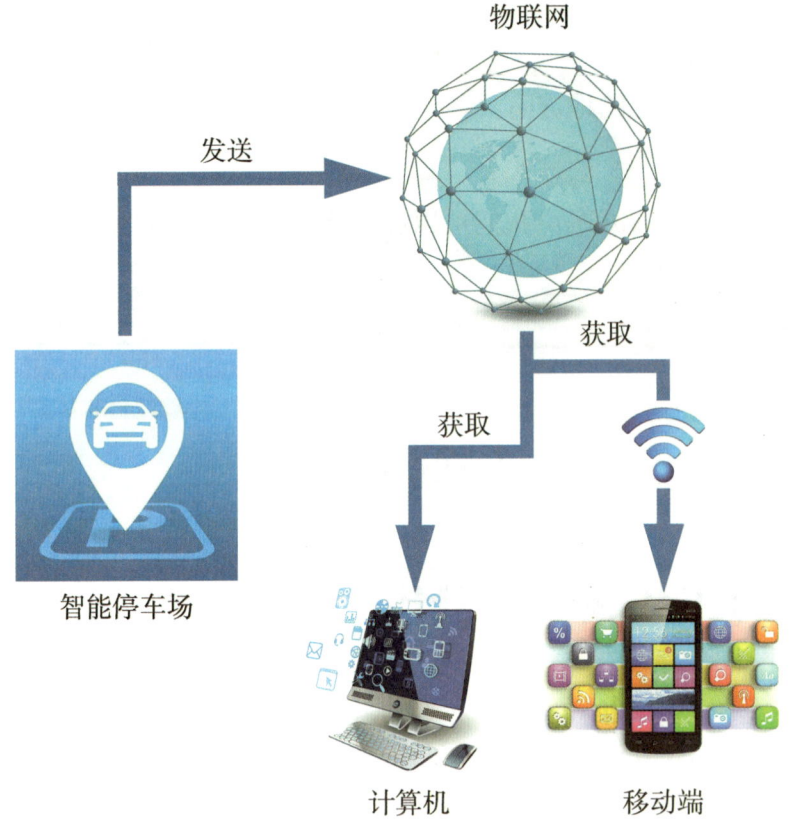

图8-4 智能停车场物联网设计示意图

❷ 硬件与电子元件的选择

搭建"智能停车场"模型的物联网需要准备一些硬件和材料,按照❶中提出的物联网设计思路,制作物联网模型需要准备的主要硬件和材料如表8-3所示。

表8-3 智能停车场制作硬件及材料清单

编号	名称	数量	功能
1	Arduino Uno控制板	1块	控制设备
2	Arduino I/O扩展板	1块	扩展管脚数
3	超声波传感器	4个	探测车辆
4	舵机	2个	控制闸门开(关)

（续表）

编号	名称	数量	功能
5	I2C LCD显示屏	1块	显示车位信息
6	杜邦线	若干	连接硬件
7	方口USB数据线	1条	传输数据
8	"9 V 1 A"电源适配器	1个	供电
9	白色PVC板	若干	制作外形
10	黏合剂或胶布	若干	制作外形
11	Ethernet W5100网络扩展板	1块	搭建物联网络

Arduino Ethernet W5100网络扩展板

Arduino Ethernet W5100网络扩展板（如图8-5所示）是一款多功能的单片网络接口芯片，主要应用于高集成、高稳定、高性能和低成本的嵌入式系统。该网络扩展板可以使Arduino成为简单的Web服务器，通过网络读写Arduino的数字和模拟管脚，控制Arduino设备等。直接使用Arduino IDE中的Ethernet库文件便可建立一个简单的Web服务器。同时扩展板支持mini SD卡（TF卡）读写，采用了可堆叠的设计，可直接插到Arduino控制板上，其他扩展板也可以推叠插上去。

图8-5　Arduino Ethernet W5100网络扩展板

请观察日常生活中的一些现象,找出不同智能化设备的物联网应用实例,并填写表8-4。

表8-4 物联网应用实例

编号	物联网设备
1	
2	
3	
4	

3 动手做项目:连接组件

在做好硬件准备后,便可进入连接组件环节,组件连接如图8-6所示。

1. 扩展板的连接

把Ethernet W5100网络扩展板按照Arduino Uno控制板的管脚以及方向安装到控制板上,把Arduino I/O扩展板按照网络扩展板的管脚以及方向安装到Ethernet W5100扩展板上,如图8-7所示。

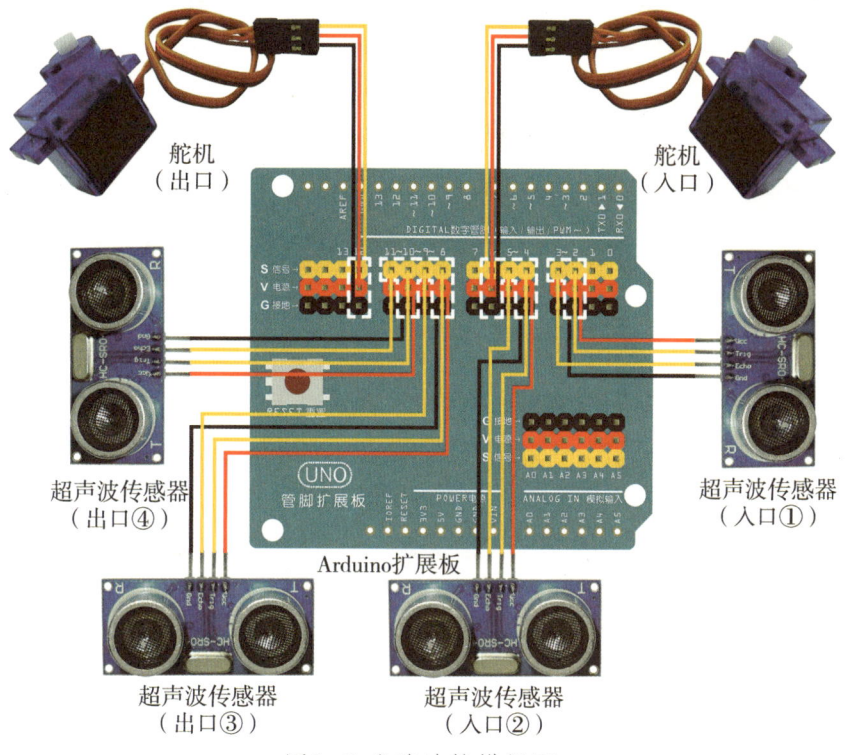

图8-6 线路连接模拟图

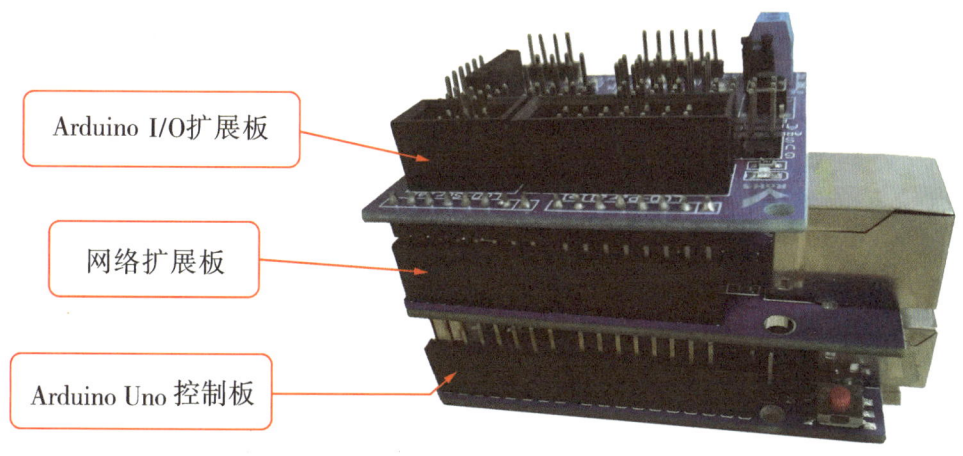

图8-7 Arduino Uno控制板与网络扩展板、I/O扩展板的连接

2．传感器与控制板的连接

把超声波传感器、舵机与扩展板连接，如表8-5所示。其中，"D"表示数字管脚，"SIG"为信号端，"VCC"为正极，"GND"为负极。

151

表8-5 传感器与扩展板的连接

传感器类型	传感器管脚	扩展板管脚	传感器类型	传感器管脚	扩展板管脚
超声波传感器（入口①）	Trig	D2 SIG	超声波传感器（出口③）	Trig	D8 SIG
	Echo	D3 SIG		Echo	D9 SIG
	VCC	D2 VCC		VCC	D8 VCC
	GND	D2 GND		GND	D8 GND
超声波传感器（入口②）	Trig	D4 SIG	超声波传感器（出口④）	Trig	D10 SIG
	Echo	D5 SIG		Echo	D11 SIG
	VCC	D4 VCC		VCC	D10 VCC
	GND	D4 GND		GND	D10 GND
舵机（入口）	橙色线	D6 SIG	舵机（出口）	橙色线	D12 SIG
	红色线	D6 VCC		红色线	D12 VCC
	棕色线	D6 GND		棕色线	D12 GND

3．LCD显示屏与控制板的连接

I2C LCD显示屏的管脚连接扩展板的对应管脚。

4．连接物联网平台

（1）打开Yeelink物联网平台，注册账号并登陆，进入"用户中心"，如图8-8所示。

图8-8　Yeelink物联网平台主页

（2）点击右侧菜单栏"增加新设备"，根据提示添加新设备，命名为

"智能停车场"（此处把智能停车场作为一个设备），如图8-9所示。

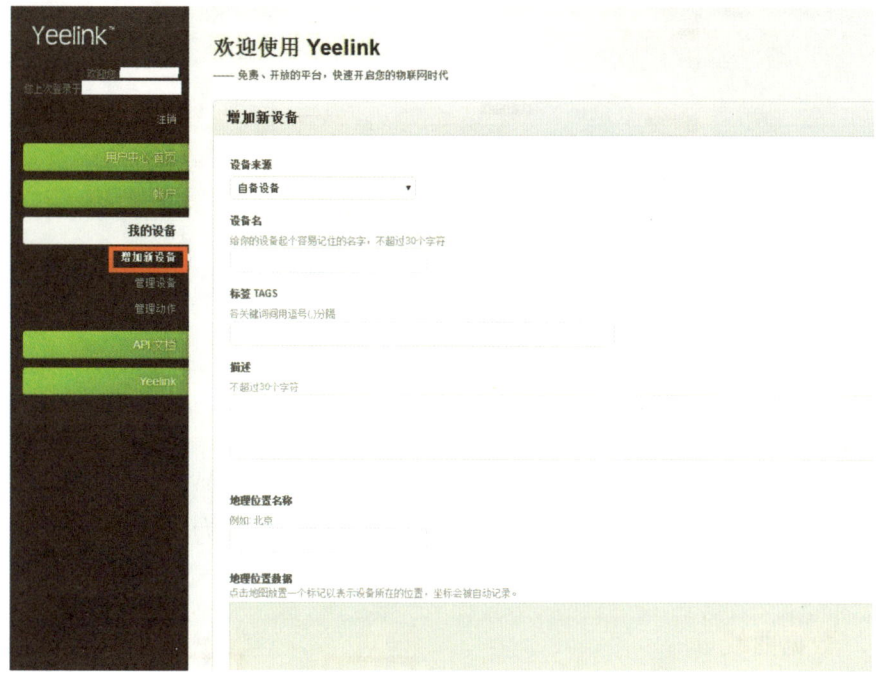

图8-9 "增加新设备"界面

（3）点击右侧菜单栏"管理设备"，再点击"添加一个传感器"，根据提示添加新传感器，命名为"空闲车位数量"（此处把空闲车位数量作为传感器），如图8-10所示。

图8-10 "我的设备"界面

（4）新建传感器成功，注意返回传感器URL的组成，如图8-11所示。

图8-11

（5）根据URL可知设备ID为360282，传感器ID为511389，如图8-12所示。

图8-12 统一资源定位符URL

（6）点击"帐户"→"我的帐户设置"，获取自己帐户的API KEY，如图8-13所示。

图8-13 "帐户"界面

（7）根据获得的API KEY、设备ID、传感器ID，替换本案例程序内"物联网设置"的相应编号即可，如图8-14所示。

```
/*----------------------物联网设置----------------------*/
#define APIKEY   "xxxxxxxxxxxxxxxxxxxxxxxxxxxxxx" // 此处替换为API KEY
#define DEVICEID   360282 // 此处替换为设备编号
#define SENSORID   411389 // 此处替换为传感器编号
//为以太网控制器分配MAC地址
byte mac[]={
  0xDE,0xAD,0xBE,0xEF,0xFE,0xED
};
EthernetClient client;//建立以太网对象
char server[]="api.yeelink.net";//建立Yeelink API地址
unsigned long lastConnectionTime = 0;
//最后一次连接到服务器的时间,以毫秒为单位
const unsigned long postingInterval = 5*1000;//两个数据点之间的延迟时间
```

图8-14　程序中的物联网设置

（8）可参考Yeelink物联网平台"快速开始"以及《API文档册》。

❹ 动手做项目：编写程序

根据❶中描述的设计思路，设计智能停车场物联网的主控程序。

1. 必要库

添加超声波传感器所需库"SR04"，添加舵机所需库"Servo"，添加I2C LCD液晶显示屏所需库"LiquidCrystal_I2C"，添加以太网所需库"Ethernet"，添加数学所需库"math"。

2. 定义管脚

定义入口超声波传感器检测管脚：设入口①号超声波传感器检测"Trig"管脚名字为"E1T_PIN"，管脚号为2；"Echo"管脚名字为"E1E_PIN"，管脚号为3。设入口②号超声波传感器检测"Trig"管脚名字为"E2T_PIN"，管脚号为4；"Echo"管脚名字为"E2E_PIN"，管脚号为5。

定义出口超声波传感器检测管脚：设出口③号超声波传感器检测"Trig"管脚名字为"O1T_PIN"，管脚号为8；"Echo"管脚名字为"O1E_PIN"，管

脚号为9。设出口④号超声波传感器检测"Trig"管脚名字为"O2T_PIN"，管脚号为10；"Echo"管脚名字为"O2E_PIN"，管脚号为11。

定义舵机管脚：设入口舵机信号管脚名字为"ES_PIN"，管脚号为6；设出口舵机信号管脚名字为"OS_PIN"，管脚号为12。

3．创建对象

根据出入口不同检测位置相应传感器连接的管脚，创建相应超声波检测对象"e1""e2""o1""o2"；创建入口舵机对象"es"，出口舵机对象"os"；创建LCD显示屏对象"lcd"。

4．新建变量

设车位总数为"count"，初始值自定（本课例为8个）。

设现有车位数为"nowCount"。

设入口闸门状态为"inState"，当inState=0时，表示闸门关闭；当inState=1时，表示闸门开启。

设出口闸门状态为"outState"，当inState=0时，表示闸门关闭；当inState=1时，表示闸门开启。

设超声波检测范围为"limit"，初始值自定，具体情况具体分析（本课例为8 cm）。

5．物联网设置

定义"APIKEY"，用于填写Yeelink物联网平台上自己的API KEY。

定义"DEVICEID"，用于填写Yeelink物联网平台上自己的设备编号。

定义"SENSORID"，用于填写Yeelink物联网平台上自己的传感器编号。

新建字节数组"mac[]"，用于为以太网控制器分配MAC地址。

新建以太网客户端对象"client"。

新建字符数组"server[]"，用于建立Yeelink API地址。

新建无符号长整形变量"lastConnectionTime"，用于记录最后一次连接到服务器的时间。

新建无符号长整形常量"postingInterval"，用于设置2个数据点之间的延迟时间。

6. 初始化

在初始化函数"setup()"中设置舵机的控制管脚，初始化现有车位数"nowCount"的值，初始化LCD显示屏的数据，启动以太网功能。

7. 自定义函数

开闸：编写开闸函数"void openDoor(Servo se)"。设对应舵机初始角度为90度（pos=90），每隔15毫秒递增旋转1度，并通过舵机对象的内置方法"write(pos)"设置旋转的角度，直到舵机角度为175度（pos=175）。

关闸：编写开闸函数"void closeDoor(Servo se)"。设对应舵机初始角度为175度（pos=175），每隔15毫秒递减旋转1度，并通过舵机对象的内置方法"write(pos)"设置旋转的角度，直到舵机的角度为90度（pos=90）。

进入车场：编写进入停车场函数"getIn()"。当现有车位"nowCount"大于0时，入口①号超声波传感器检测范围内有车辆，且入口闸门关闭的情况下，调用开闸函数"openDoor(es)"。当入口②号超声波传感器检测范围内有车辆且入口闸门开启的情况下，调用关闸函数"closeDoor(es)"，现有车位数量"nowCount"减1。

离开停车场：编写离开停车场函数"getAway()"。当出口③号超声波传感器检测范围内有车辆，且出口闸门关闭的情况下，调用开闸函数"openDoor(os)"。当出口④号超声波传感器检测范围内有车辆，且出口闸门开启的情况下，调用关闸函数"closeDoor(os)"，现有车位数量"nowCount"加1。

发送数据：编写函数"void sendData(long sensorID, int Data)"发送数据，传入传感器编号"sensorID"以及需要传送的数据"Data"，编写特定格式的文本发送到Yeelink物联网平台。

计算传感器读数中的位数，编写计算传感器读数中的位数的函数"int getLength(int someValue)"，用于计算所发数据的位数。

8. 主程序

在循环函数"loop()"中分别调用进入车场函数"getIn()"以及离开车场函数"getAway()"。

流程图

智能停车场物联网程序设计流程如图8-15所示。

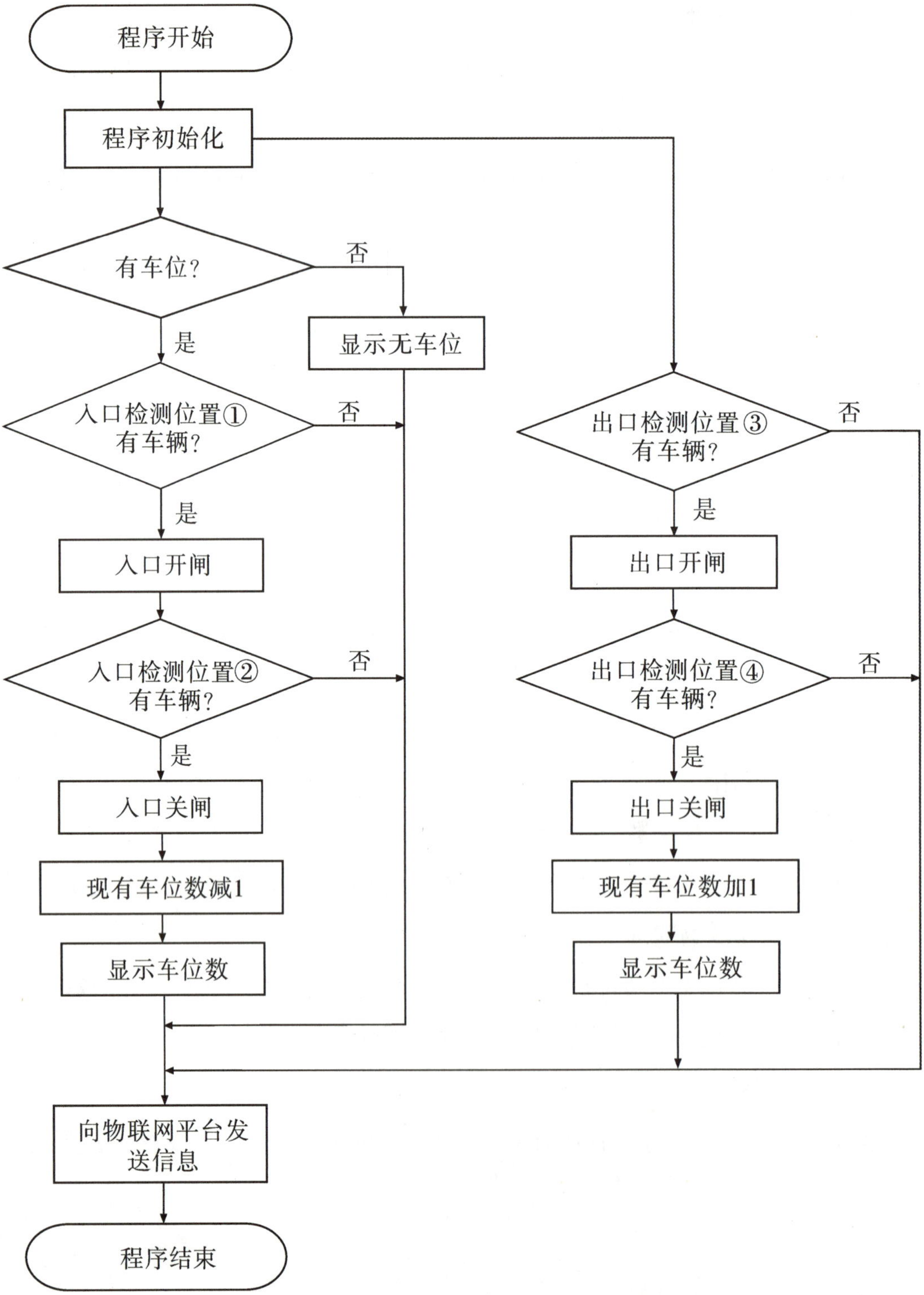

```
程序开始
   ↓
程序初始化 ────────────────────────┐
   ↓                              │
有车位? ──否──→ 显示无车位         │
   │是                             │
   ↓                              │
入口检测位置①有车辆? ──否──┐      出口检测位置③有车辆? ──否──┐
   │是                    │         │是                      │
   ↓                      │         ↓                        │
入口开闸                   │      出口开闸                     │
   ↓                      │         ↓                        │
入口检测位置②有车辆? ──否─┤      出口检测位置④有车辆? ──否──┤
   │是                    │         │是                      │
   ↓                      │         ↓                        │
入口关闸                   │      出口关闸                     │
   ↓                      │         ↓                        │
现有车位数减1              │      现有车位数加1                │
   ↓                      │         ↓                        │
显示车位数                 │      显示车位数                   │
   ↓                      │         ↓                        │
向物联网平台发送信息
   ↓
程序结束
```

图8-15　智能停车场物联网程序设计流程图

程 序

```
#include <SR04.h>  //超声波传感器所需库
#include <Servo.h>  //舵机所需库
#include <LiquidCrystal_I2C.h>  //I2C LCD液晶显示屏所需库
#include <SPI.h>  //SPI通讯所需库
#include <Ethernet.h>  //以太网所需库
#include <math.h>  //Arduino 数学函数库


#define E1T_PIN 2  //定义入口①号超声波传感器"Trig"管脚名称及对应管脚号
#define E1E_PIN 3  //定义入口①号超声波传感器"Echo"管脚名称及对应管脚号
#define E2T_PIN 4  //定义入口②号超声波传感器"Trig"管脚名称及对应管脚号
#define E2E_PIN 5  //定义入口②号超声波传感器"Echo"管脚名称及对应管脚号
#define ES_PIN 6  //定义入口舵机管脚名称及对应管脚号
#define O1T_PIN 8  //定义出口③号超声波传感器"Trig"管脚名称及对应管脚号
#define O1E_PIN 9  //定义出口③号超声波传感器"Echo"管脚名称及对应管脚号
#define O2T_PIN 10  //定义出口④号超声波传感器"Trig"管脚名称及对应管脚号
#define O2E_PIN 11  //定义出口④号超声波传感器"Echo"管脚名称及对应管脚号
#define OS_PIN 12  //定义出口舵机管脚名称及对应管脚号


SR04 e1 = SR04(E1E_PIN, E1T_PIN);  //创建入口①号超声波传感器检测对象
SR04 e2 = SR04(E2E_PIN, E2T_PIN);  //创建入口②号超声波传感器检测对象
SR04 o1 = SR04(O1E_PIN, O1T_PIN);  //创建出口③号超声波传感器检测对象
SR04 o2 = SR04(O2E_PIN, O2T_PIN);  //创建出口④号超声波传感器检测对象
Servo es;  //创建入口舵机控制对象
Servo os;  //创建出口舵机控制对象
LiquidCrystal_I2C lcd(0x27,16,2);  //设置LCD 1602显示屏设备地址
//本案例的地址是0x27，一般是0x20，或者0x27，具体设置看模块手册
int count = 8;  //新建"车位总数"变量，初始值为8
int nowCount;  //新建"现有车位数"变量
int inState = 0;  //新建"入口闸门状态"变量，0为关闭，1为开启
int outState = 0;  //新建"出口闸门状态"变量，0为关闭，1为开启
```

```
int limit = 8; //新建"超声波传感器检测范围"变量，最大距离为8 cm
/*----------------------------物联网设置----------------------------*/
#define APIKEY       "xxxxxxxxxxxxxxxxxxxxxxxxxxxx"
// 此处替换为API KEY
#define DEVICEID     360282 // 此处替换为设备编号
#define SENSORID     411389 // 此处替换为传感器编号
//为以太网控制器分配MAC地址
byte mac[]={
   0xDE,0xAD,0xBE,0xEF,0xFE,0xED
};
EthernetClient client; //建立以太网对象
char server[]="api.yeelink.net"; //建立Yeelink API地址
 unsigned long lastConnectionTime =0;
//最后一次连接到服务器的时间，以毫秒为单位
const unsigned long postingInterval =5*1000; //两个数据点之间的延迟时间
/*----------------------------分割线----------------------------*/
void setup()
{
    es.attach(ES_PIN); //入口舵机由Arduino ES_PIN控制
    os.attach(OS_PIN); //出口舵机由Arduino OS_PIN控制
    nowCount = count; //现有车位数与车位总数一致
    lcd.init(); //初始化LCD
    lcd.backlight(); //设置LCD背景灯亮
    lcd.setCursor(0,0); //设置显示字符位置
    lcd.print("Carport:"); //输出字符"Carport:"到LCD 1602显示屏上
    lcd.setCursor(10,0); //设置显示字符位置
    lcd.print(count); //输出变量"count"的值到LCD 1602显示屏上
    Ethernet.begin(mac); //启动以太网
    delay(5000);
}
/*----------------------------分割线----------------------------*/
void loop()
```

```
{
    getIn();   //新建进入车场函数
    getAway(); //新建离开车场函数
    //定时向物联网发送车位数量
    if(!client.connected()&&(millis()- lastConnectionTime > postingInterval)){
        sendData(SENSORID, nowCount);
    }
}
/*----------------------------分割线----------------------------*/
//定义进入车场函数
void getIn()
{
    if(nowCount >0){
        if((e1.Distance()< limit)&& inState ==0){
        //如果入口检测位置①有车辆而且闸门为关闭状态
            openDoor(es); //开闸
            inState =1; //确定有车在门口,闸门打开
        }
        if((e2.Distance()< limit)&& inState ==1) {
        //如果入口检测位置②有车辆而且闸门为打开状态
            closeDoor(es); //关闸
            inState = 0; //车过关闸
            nowCount--; //现有车位数减1
            lcd.clear(); //清屏
            lcd.setCursor(0,0); //设置显示字符位置
            lcd.print("Carport:"); //输出字符"Carport:"到LCD 1602显示屏上
            lcd.setCursor(10,0); //设置显示字符位置
            lcd.print(nowCount); //输出变量"nowCount"的值到LCD 1602显示屏上
        }
    }
    else
    {
```

```
    lcd.clear(); //清屏
    lcd.setCursor(0,0); //设置显示字符位置
    lcd.print("No carport");//输出字符"No carport"到LCD 1602显示屏上
  }
}
//定义离开车场函数
void getAway()
{
  if((o1.Distance()< limit)&& outState ==0){
//如果出口检测位置③有车辆而且闸门为关闭状态
    openDoor(os); //开闸
    outState = 1; //确定有车在门口,闸门打开
  }
  if((o2.Distance()< limit)&& outState ==1) {
//如果出口检测位置④有车辆而且闸门为打开状态
    closeDoor(os); //关闸
    outState = 0; //车过关闸
    nowCount++; //现有车位数加1
    lcd.clear(); //清屏
    lcd.setCursor(0,0); //设置显示字符位置
    lcd.print("Carport:"); //输出字符"Carport:"到LCD 1602显示屏上
    lcd.setCursor(10,0); //设置显示字符位置
    lcd.print(nowCount); //输出变量"nowCount"的值到LCD 1602显示屏上
  }
}
/*---------------------------分割线---------------------------*/
//定义开闸函数
void openDoor(Servo se){
  int pos = 0;
  for(pos =90; pos <175; pos +=1){
//舵机角度从90度转动到175度,每次步进一度
    se.write(pos); // 指定舵机转动的角度
```

```
    delay(15); // 等待15 ms让舵机转动到指定角度
  }
}
//定义关闸函数
void closeDoor(Servo se){
  int pos =  0;
  for(pos =175; pos >=91; pos -=1) {
  //舵机角度从175度转动到90度运动，每次步进一度
    se.write(pos); // 指定舵机转动的角度
    delay(15); // 等待15ms让舵机转动到指定位置
  }
}
/*------------------------------分割线------------------------------*/
// 对服务器进行HTTP连接
void sendData(long sensorID,int Data){
  // 如果成功连接
  if(client.connect(server,80)){
    long ssID = sensorID;
    client.print("POST /v1.1/device/");
    client.print(DEVICEID);
    client.print("/sensor/");
    client.print(sensorID);
    client.print("/datapoints");
    client.println(" HTTP/1.1");
    client.println("Host: api.yeelink.net");
    client.print("Accept: *");
    client.print("/");
    client.println("*");
    client.print("U-ApiKey: ");
    client.println(APIKEY);
    client.print("Content-Length: ");
    // 传输数据的位数长度：附加数据长度10个字节+获取传感器数据长度
```

```
        int thisLength =10+ getLength(Data);
        client.println(thisLength);
        client.println("Content-Type: application/x-www-form-urlencoded");
        client.println("Connection: close");
        client.println();
         client.print("{\"value\":");
        client.print(Data);
        client.println("}");
    }
    else{
        client.stop();
    }
    //记录发送的时间
 lastConnectionTime = millis();
}
//计算传感器读数中的位数
//由于ASCII十进制表示的每一个数字都是一个字节,所以位数等于字节数。
int getLength(int someValue){
    int digits =1;
    int dividend = someValue /10;
    while(dividend >0){
        dividend = dividend /10;
        digits++;
    }
    return digits;
}
```

5 测试与分析

测 试

打开物联网平台,分别对停车场进出车辆进行多次操作,如图8-16所示。观察物联网数据变化,如图8-17所示。

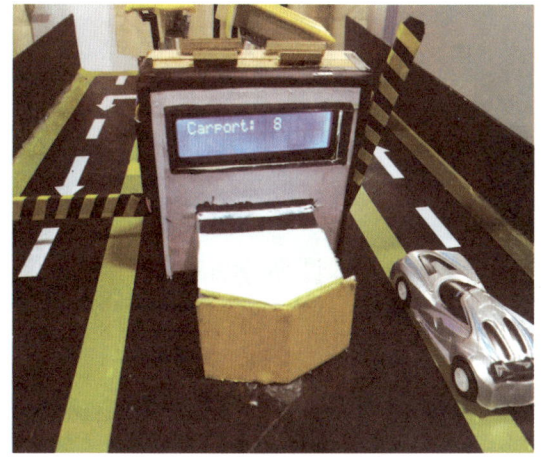

(a)车辆进入停车场

(b)车辆经过闸门

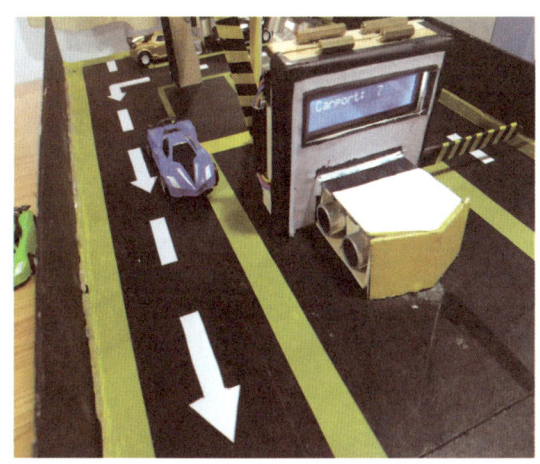

(c)车辆离开停车场

(d)车辆经过闸门

图8-16 模型测试

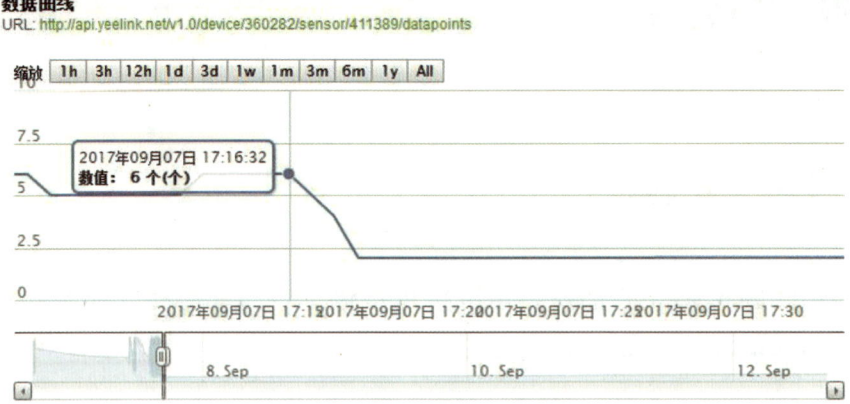

图8-17 停车场模型测试数据

项目实施

请根据本组的项目选题及拟定的项目方案,结合本课所学知识,进一步完善该项目方案中的各项学习活动,完成本组选定项目的成果,并填写表8-6。

表8-6 项目实施日志

流程	事项	工作日志
1	准备材料	
2	连接组件	
3	编写程序	
4	测试优化	
5	美化外观	
6	撰写报告	

成果交流

请将完成的项目学习成果在小组和班级中进行展示与交流,并在表8-7中对自己的成果作出评价。

表8-7　作品评价表

评价指标	指标说明	评价
创新性	能有创意地解决所面对的问题，这个问题目前市面上未有妥善的解决方案，或对目前已有的解决方案进行了显著的改善和创新	□优秀 □良好 □中等 □仍需努力
实用性	方案严谨合理，技术上可行，符合成本效益，制作方法、流程高效灵活，所实现的功能契合所选主题的需求	□优秀 □良好 □中等 □仍需努力
技术水平	规划的方案具有与课题相关较高的知识水平。在方案实现的过程中，具备较高的软硬件知识水平，对已有的工艺或技术进行了改进，实现技术创新	□优秀 □良好 □中等 □仍需努力
艺术性	对作品的外形和色彩搭配，有适当的审美考虑。材料及设计符合安全要求，作品易于被用户控制及使用	□优秀 □良好 □中等 □仍需努力
演示及回应	作品展示资料充足，简洁准确，语言流畅，组员间配合得宜。回答问题时，对问题理解准确，思路清晰，反应迅捷，逻辑严密	□优秀 □良好 □中等 □仍需努力

活动评价

请根据本组的项目选题、拟定的项目方案、实施情况和所形成的项目成果，参照本书"附录"和表8-8，对自己的学习活动进行评价和总结。

表8-8 项目学习活动自我总结表

项目主题					
姓名		学号		日期	
小组成员					
自我总结					
在该项目中我所完成的任务是＿＿＿＿＿＿＿＿＿＿＿＿＿＿＿＿＿＿＿＿＿＿					
该项目所涉及的学习领域有＿＿＿＿＿＿＿＿＿＿＿＿＿＿＿＿＿＿＿＿＿＿＿					
项目实施过程中我遇到的困难有＿＿＿＿＿＿＿＿＿＿＿＿＿＿＿＿＿＿＿＿					
我克服困难的方法是＿＿＿＿＿＿＿＿＿＿＿＿＿＿＿＿＿＿＿＿＿＿＿＿＿＿ ＿＿＿＿＿＿＿＿＿＿＿＿＿＿＿＿＿＿＿＿＿＿＿＿＿＿＿＿＿＿＿＿＿＿＿					
关于整体分工和合作情况，其他小组值得我们学习的是＿＿＿＿＿＿＿＿＿＿ ＿＿＿＿＿＿＿＿＿＿＿＿＿＿＿＿＿＿＿＿＿＿＿＿＿＿＿＿＿＿＿＿＿＿＿					
关于项目的选题、实施、成果和展示，其他小组值得我们借鉴的是＿＿＿＿＿ ＿＿＿＿＿＿＿＿＿＿＿＿＿＿＿＿＿＿＿＿＿＿＿＿＿＿＿＿＿＿＿＿＿＿＿					
通过该项目学习，我的收获是＿＿＿＿＿＿＿＿＿＿＿＿＿＿＿＿＿＿＿＿＿ ＿＿＿＿＿＿＿＿＿＿＿＿＿＿＿＿＿＿＿＿＿＿＿＿＿＿＿＿＿＿＿＿＿＿＿					
通过该项目学习，我知道自己的优势在于＿＿＿＿＿＿＿＿＿＿＿＿＿＿＿＿ ＿＿＿＿＿＿＿＿＿＿＿＿＿＿＿＿＿＿＿＿＿＿＿＿＿＿＿＿＿＿＿＿＿＿＿					
我还需要继续努力的方面有＿＿＿＿＿＿＿＿＿＿＿＿＿＿＿＿＿＿＿＿＿＿ ＿＿＿＿＿＿＿＿＿＿＿＿＿＿＿＿＿＿＿＿＿＿＿＿＿＿＿＿＿＿＿＿＿＿＿					
如果再做一次该项目，我会作出的调整是＿＿＿＿＿＿＿＿＿＿＿＿＿＿＿＿ ＿＿＿＿＿＿＿＿＿＿＿＿＿＿＿＿＿＿＿＿＿＿＿＿＿＿＿＿＿＿＿＿＿＿＿					

附录　项目学习活动评价表

项目学习活动主题：＿＿＿＿＿＿＿＿＿＿＿＿＿＿＿＿＿

项目学习实施环节	一级指标	二级指标	评价结果	支撑材料
选定项目	发现问题	观察生活情景的能力 发现生活需求的能力 提取需解决问题的能力	☐优秀 ☐良好 ☐中等 ☐仍需努力	
选定项目	分析项目	分析项目学习目标 确定项目选题 分析项目可行性	☐优秀 ☐良好 ☐中等 ☐仍需努力	
选定项目	信息收集处理	选择检索工具的能力 确定检索词的能力 系统整理信息的能力	☐优秀 ☐良好 ☐中等 ☐仍需努力	
规划设计	制订计划	制订项目方案的能力 发现项目方案不足的能力 改进项目方案的能力	☐优秀 ☐良好 ☐中等 ☐仍需努力	
活动探究	分析问题	分析论证能力 抽象推理能力 总结归纳能力	☐优秀 ☐良好 ☐中等 ☐仍需努力	
活动探究	解决问题	动手操作能力 独立决策能力 鉴别评价能力	☐优秀 ☐良好 ☐中等 ☐仍需努力	
活动探究	团队合作	交流能力 小组协作能力 组织协调能力	☐优秀 ☐良好 ☐中等 ☐仍需努力	

（续表）

项目学习实施环节	一级指标	二级指标	评价结果	支撑材料
汇聚成果	成果质量	体现创新性 成果表现形式恰当 呈现达意能力	□优秀 □良好 □中等 □仍需努力	
展示交流	成果呈现	图文声表达清晰 图文声表达明了 总结归纳能力	□优秀 □良好 □中等 □仍需努力	
	交流表达	批判性思维能力 提出问题的针对性 回答有引申、借鉴价值	□优秀 □良好 □中等 □仍需努力	
综合评价	□优秀　　□良好　　□中等　　□仍需努力			

1．评价结果为"优秀"得5分，"良好"得3分，"中等"得2分，"仍需努力"得1分。计算各环节总分，得到综合评价得分。

2．综合评价得分50～40分为"优秀"，40～30分为"良好"，30～20分为"中等"，20分以下为"仍需努力"。